# 好宅
# 風水設計
# 500

設計師不傳的
私房秘技

# INDEX

# CONTENTS

## Chapter 4　玄關、走廊、陽台篇　煞型衝突

### 001.穿堂煞

大門正對後門或後落地窗而中間沒有阻隔，進出之間拉成一條線，形成前門對後門的穿堂風，致使家中之氣不易聚集，旺氣直瀉而出，除了有不易聚財、容易破財之外，屋主須注意心臟方面的循環問題。插畫◎黑羊

> **化解法**
> 大門處以牆面或櫃體設計玄關空間，或是運用收納櫃、屏風等的設置，讓氣流有所阻隔。

## 002.入門煞

①開門見灶—廚房五行屬火，火剋金，易導致財氣不進。
②入門見廁—進門時視線直接對到家中隱密的居所，易使貴人全失。
③入門見鏡—開門見鏡，鏡中有門，容易引發小人及外在爭端。插畫◎黑羊

> **化解法**
> 修飾廚房門、廁所門的存在感，或改變大門進入方向，鏡子最好改
> 變放置位置，或是用深色茶玻鏡面取代。

玄關、走廊、陽台篇

客廳篇

餐廚篇

更衣間、衛浴篇

臥房篇

書房、其它篇

## 003 迴風煞

同一室內空間中，同一面牆存在著兩扇門，即屬迴風煞，雖然出入方便，但難以聚氣聚財，也不利家中男性健康。若在臥房中有迴風煞，代表房間主人易不安於室，當心出現爛桃花及感情糾紛。插畫©黑羊

### 化解法

同一室內都不適合開兩扇門至同一室外，最好能將其中一門封死，並以大型櫃體遮蔽，以看不到、進不去為原則。

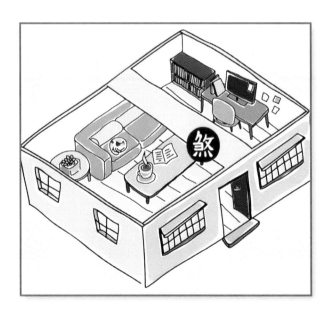

## 004 穿心煞

大門上方有樑與門成直角穿越而過，則為「穿心煞」，表示家中易發生令人扼腕的事。夫妻房間中若出現與床平行的屋樑將房間天花板一分為二，同樣也是穿心煞，居住其中易有口角、分離。插畫©黑羊

### 化解法

修飾大樑凸出時的直角，像是做天花板、間接燈光等，另有一說法是裝潢前在樑下埋入麒麟雕塑品鎮煞。

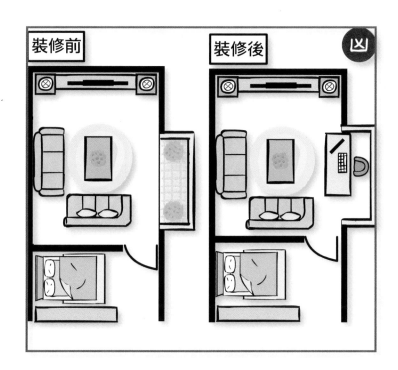

## 005 陽台外推煞

在許多中古屋、老屋改建時，為增家室內使用面積，屋主偏好將前陽台外推擴大客廳，表面上有利於擋住塵埃和污物進入室內，但在風水學上來說，這樣好比「關閉了納氣之門」，將好運排除在外，以科學角度看，陽台外推影響結構，威脅生活安全，而住宅室內通風不良，久居其中，易出現噁心、頭暈、疲勞等症狀。插畫©張小倫

### 化解法

若已為外推式的格局，可在窗戶與客廳中間，保留室內納氣的空間，如增設矮櫃或起居空間，並在此處擺放盆栽，除盆栽外避免窗前堆積過多雜物，以創造氣場緩衝的空間。

## 006 露天玄關煞

許多住宅屬於大門在露天的陽台之中，看似阻隔了許多煞氣，但其實一進門就進入四面八方無阻擋的格局，半露天室外陽台視野太過通透難以聚氣，好運遇得到卻得不到。插畫©張小倫

### 化解法

改善陽台半露天的形式，以透明強化玻璃做成活動窗，也可避免室外的日晒雨淋。

**008**

### 入門見廁

## 007+008 清水模牆面結合玄關櫃，阻擋居家穢氣

大門是每個家的門面，如果直接對著廁所，一進門就看到穢氣容易影響全家人的健康與運程，因此設計師在大門入口設計玄關櫃，遮擋一開門即可看穿走道底廁所門的尷尬，同時也解決玄關鞋櫃收納不夠的問題。圖片提供◎築青室內裝修有限公司

**材質使用**｜玄關櫃後為清水模牆面獨樹一幟，並將其結合木質餐桌，讓媒材混搭成為跳躍的風格設計。

## 009 櫃子嵌魚缸，遮蔽廁所門

一進門就能看到廁所門，就如同家中隱私被外人看光光，是風水上所謂的「入門煞－入門見廁」，設計師巧妙運用電視矮櫃櫃體延伸做了一個頂天的櫃子，不僅擋掉進門看見廁所門的視線，櫃子放上魚缸也有招財的作用。圖片提供◎綺寓空間設計

**搭配技巧** | 進門的大門剛好與廁所門相對成一直線，做一個櫃子並嵌上魚缸，解決入門見廁的風水疑慮。

009

## 010 玄關拉門阻絕開門見廁煞

房子的設計從大門入口處就會直接看到走道盡頭的廁所，為了避免四處竄流的晦氣阻礙家中的運勢，設計師特別在玄關走道之中加裝拉門，平時通過後關起，化解入門見廁的煞氣。圖片提供◎于人空間設計

**設計plus** | 入門見廁的化解手法，除了像本案在途中加裝拉門外，亦可使用門簾或屏風作為阻擋。

010

### 天斬煞
## 011 斜移大門巧避天斬煞

原本大門開在正面，直對對面兩戶之間的縫隙，形成不佳風水。家宅大門面對兩棟大樓中間的夾縫，在風水上來說有負面影響，住家成員之間易起爭執與血光之災，或可能患需動手術的疾病等。設計師在設計時特地將房門轉為側邊巧妙躲過煞氣，而裝修後外觀的騎樓設計更是流露人文氣息。
圖片提供◎里歐室內設計

**施工細節** | 斜移房門化解煞氣，穩固居家好氣場。

## 012+013 櫃牆阻擋長驅而入的視線

自建華廈因規劃時設想不夠週全，導致走道冗長、迴旋空間過寬，也產生一進門就看到廁所與爐灶的禁忌。在大門與客、餐廳之間加設櫃牆，用白色系統板材打造出美式古典風的櫃體，不僅闢出3坪大的玄關區，讓整體空間有了內外之別，還加強此區的儲物機能。圖片提供◎賀澤室內設計

**設計plus**｜適當的櫃牆位置消弭了站在大門就會直望廁所的尷尬，更增加空間使用範圍。

012

013

015

## 014+015 穿透材料柔化減壓

由於玄關緊鄰廚房與客廳，藉由穿透感的鐵件柵欄，以及透光雲石設計的端景燈箱，在穿透與遮蔽之間取得平衡；另外貫穿廚房與玄關的過樑，利用平封天花板修飾，表面材質覆蓋藤色壓克力，化解降板的高度壓迫。圖片提供◎演拓空間室內設計

**設計plus**｜玄關空間修飾為弧狀，去除稜角感，加以實木皮裝飾，能化解進門的狹滯感。

玄關、走廊、陽台篇

客廳篇

餐廚篇

更衣間、衛浴篇

臥房篇

書房、其它篇

**玄關過亮財富不聚**

# 016+017 陰陽調和，創造風生水起的富貴格局

大門至客廳的玄關區域連結到陽台，讓玄關位置過於明亮無法聚氣，同時也違背「明廳暗房」的風水光線原則。設計師以新古典風格牆面與端景打造玄關陳設，兩片活動式左右拉闔門板，可適時關起阻隔過亮光線，透白的主色搭配讓即便少了自然光，整體環境依舊几淨明亮。圖片提供◎趙玲室內設計

**施工細節**｜玄關空間中兩片活動式門板，能調節日光維持玄關適切光源，避免過亮過暗造成風水煞氣。

**019**

**020**

**018**

018

**洩氣煞**

## 018 地板墊高，有效化解洩氣煞

出門前門會見通往夾層的樓梯，陽宅風水中，有出門「不見梯」禁忌，無論是樓梯間的樓梯或電梯，風水上屬於所謂「洩氣格」。但因為都市內居住空間較為狹小，格局限制較多，可以利用「墊高」地板方式破解，正好屋主喜歡日本和室的感覺，於是整間墊高做成了和室空間。圖片提供©鼎爵設計工程

**施工細節│**墊高地板，讓氣場上揚能夠匯集到陽宅所在，也增添居所質感。

**穿心煞**

## 019+020 廊道盡頭的捉迷藏

客廳廊道盡頭則為房間，依陽宅風水學理來說屬於「一箭穿心煞」，走道之氣直沖房內造成不穩定的氣場，設計師在牆面上以線條分割與裁切手法，同時將門片與牆面合而為一，完全藏住了空間也遮住了煞氣，可謂空間中的好運魔法。圖片提供©大湖森林設計

**材質使用│**空間中大量木、石天然材質打造出氣派端景，牆面以原本不規律的錯落手法隱化門片聰明轉化空間。

玄關、走廊、陽台篇

客廳篇

餐廚篇

更衣間、衛浴篇

臥房篇

書房、其它篇

021

022

**穿堂煞**

## 021+022 寧靜致遠的緩衝玄關

兩進式玄關以木材直式交錯手法開啟入門序幕，天花、牆壁不同原木料搭配原石地板，構建仿佛走入森林。左右兩邊穿衣鏡與鞋物玄關收納暗置其中，帶來高度機能，轉折走入內廳如同柳暗花明，為大門與客廳帶來最舒適不受打擾的緩衝。圖片提供◎大湖森林設計

**設計plus｜**轉折式大門動線化解穿堂煞忌諱，由暗至明的光線配置正好符合風水中藏風聚氣的道理。

**23**

**024**

穿堂煞

## 023+024 金燦玄關牆招來好財富

家中的大門掌管事業運,玄關則象徵事業上所帶
來的財富,想要旺財旺事業,此兩處可說是最重
要的環節。本案大門位於右手邊,開門而進就是
橘黃紋路堆疊出的瑰麗玻璃櫃,其內是鞋物收
納,不僅帶來富貴之氣,作為廊道另一端景,漩
渦奇幻的反射視覺效果更能避除穿堂煞的風水忌
諱。圖片提供◎大湖森林設計

**材質使用** | 金色玄關門帶來招財意象,且漩渦奇幻的
藝術玻璃門則能反射視覺,成功破除室內穿堂煞。

**穿堂煞**

## 025+026 弧形玄關牆消弭進門戾氣

整片落地窗結構一開門就可看見大窗，原屬漏財型穿堂煞風水，設計師巧妙將電視牆打造為圓弧曲線，從牆面延伸並順勢作出大門進出阻隔，解決進門無阻遮的缺點，也創造了玄關、大門與客廳的吉祥風水。圖片提供◎奇逸設計

**設計plus**｜電視玄關兩用牆由低至高，不置頂、不壓迫的設計創造最佳旺財的格局。

025

026

027

028

穿堂煞

## 027+028 藝術玄關牆創造進門好氣場

空間中原本大門與客廳毫無阻隔,考量出
入需有緩衝的空間切換,設計師斜切45
度角,運用深咖啡色系的木紋櫃體打造玄
關櫃造型,另一側壁面則以巨形的西式畫
作,作為迎賓視角,引入濃厚的藝術氣
息,多了緩衝阻隔,打造出絕佳的第一印
象。圖片提供◎奇逸設計

**設計plus**|斜切45度角的深咖啡色系的木紋
櫃體,削弱了厚重感,份量十足但也輕盈優
雅。

**029**

**030**

**穿堂煞**

# 029+030 銀灰洞石
# 玄關轉角好福氣

百坪的宅邸裡，玄關成為連結
內外的關鍵之所，並扮演切換
環境場域的核心角色。以銀灰
洞石隔出入口空間與客廳，十
足隱蔽卻也不減恢宏氣勢，棋
盤格紋式的玄關地坪鮮明的區
分出場域的特殊性，用材質帶
動立面視覺，也強化了穿堂風
的阻滯力。圖片提供◎奇逸設計

**材質使用**│氣勢十足的石灰洞石
牆與格紋地坪，在嵌燈投射下展
現藝術端景，為室內創造優雅的
避煞過道。

## 031 木石材質打造四平八穩玄關視角

玄關往往是訪客進入空間的第一印象，摒棄過於繁複的設計，以木材、石材相輔相成，雕刻白大理石既是穿鞋椅也是收納櫃，具備多功機能，灰黑地板為明亮的客廳作了鋪陳，沈穩的設計為納氣藏風作了最佳詮釋。圖片提供◎明代室內設計

**材質使用**｜胡桃木牆、雕刻白大理石與灰石地板構築簡單大器的玄關立面，阻隔穿堂忌諱，沈穩鋪陳更強化空間興旺氣勢。

031

## 032 兩進動線轉折間藏風聚財

玄關天花以低調的嵌燈作為照明，灰石地板不僅耐髒同時展現此區的沉穩，與廊道盡頭藝品畫作搭配相得益彰，形塑古典蘊味；兩進式轉折動線，破解了原本直衝入內的穿堂格局，既不驚擾室內，也能是最優雅的待客區域。圖片提供◎明代室內設計

**設計plus**｜低調的間接照明帶出玄關藏風納氣的優勢，兩進式轉折動線顯出格局優雅。

032

玄關、走廊、陽台篇

客廳篇

餐廚篇

更衣間、衛浴篇

臥房篇

書房、其它篇

**033**

## 033 玄關屏風創造幸福迴旋

這戶是現在房型常見格局，因為開放式設計，室內場域一覽無遺，卻也使得設計與風水格局難兩全。在這裡設計師運用溫潤的木質屏風作為屏蔽，也為入口處做出玄關迴旋式內外氣場，更為空間營造大器質感。圖片提供◎馥閣設計

**設計plus** │ 一進大門便直接看到落地窗，設計屏蔽的木質屏風，創造玄關格局。

## 034+035 櫃牆化煞增加儲物機能

大宅擁有面積相當充裕的玄關，但開放式設計卻讓視線直接穿過客廳與外窗。考量屋主全家在玄關區需要有更大的收納空間，所以將擋煞屏風規劃成櫃牆，櫃體由黑色鐵件、透明玻璃與木作打造而成，並設置了高低有致的玻璃展示櫃，獨特設計的量體有效化解煞型。圖片提供◎拾雅客空間設計

**施工細節** │ 深達45公分的櫃牆，精緻設計讓龐大櫃體在視覺上也不感厚重。

036

## 036 吉利尺寸帶來旺運能量

考量大門至客廳需有層次遞進的格局，以避免開門見廳，在大門轉入客廳的空間中設計雅緻的玄關牆，廊道深度與寬度皆取自文工尺上的見紅數字，玄關末端放置能助旺屋主的大鷹造型雕像，明亮寬敞的空間配置，讓一進門就能納進吉運。圖片提供©趙玲室內設計

**設計plus**｜玄關屬一進門的重要過道，在寬度、深度及天花高度方面都取文工尺上的見紅數字，才能為家運做第一道把關。

035

**037**

**穿堂煞**

# 037+038 活動式拉門阻隔外來大煞氣

玄關與落地窗直直相對，形成穿堂煞。雖然格局中由大
門進客廳時，有一處空間較狹小的玄關，剛好可阻擋從
大門看進臥房、廚房和廁所的視線，但還是難以避免與
落地窗直直相對，設計師以霧面毛玻璃與木框打造活動式
拉門，用以破解穿堂煞氣。圖片提供◎于人空間設計

**設計plus**｜活動式拉門也能保留室內光線，多了完整的
緩衝空間，全家能更安穩居住。

**038**

## 039 玄關端景牆創意又化煞

從大門入口即看穿客廳和餐廳，是風水中所謂的穿堂煞。設計師以一扇創意端景牆作為阻隔化解煞氣，並且用毛線發揮創意勾勒出不同造型，嵌入燈源亦可呈現不同光景，穿鞋椅與木椿可掛小物則十分實用。圖片提供◎伏見設計

**設計plus** | 創意端景牆作為阻隔化解煞氣，更在居家空間種扮演實用角色。

039

## 040 清玻屏風創造玄關入門好氣場

以美式工業風為主軸的居家，入門處以回字玻璃屏風搭配大面積櫃體，創造通透且收納量充足的玄關空間，並且化解本來因為沒有玄關而直視家中公領域的穿堂煞風水忌諱。圖片提供◎法蘭德室內設計

**搭配技巧** | 陽宅的穿堂煞可運用屏風、布簾、櫃體等創造氣流的緩衝加以改善。

**穿堂煞**

## 041 內外做出區隔，打造安心好住居家

原始格局沒有明顯劃出將玄關位置，一進門的視線過於直接。在入口左側打造一道櫃牆，延長並將入口動線做轉折，明確區隔出內外，櫃牆懸空門片採用鏤空設計，可降低櫃體壓迫感，櫃體下方也增加間接光源，輔助自然光線，加強打亮玄關。圖片提供◎法蘭德室內設計

**設計plus｜** 特別將櫃牆門片作鏤空設計，讓室內相對光采滿溢。

**穿堂煞**

## 042 清玻隔屏保留採光也凝聚氣場

活潑、鮮明，且具有個性的34坪工業風住宅，一樓結合玄關、客廳、餐廚以開放式設計打開視野領域，沒有高度落差的地面設計也讓孩子有公寓且安全的玩樂空間。客廳與玄關之前的屏隔則保留採光和適度的通風，視覺上也十分獨特有型。圖片提供◎法蘭德室內設計

**設計plus｜** 設計師特地做出清玻屏隔做出玄關空間，不僅留住採光，也化解了風水煞氣。

043

穿堂煞

## 043+044 鐵件鏤空玄關櫃，滿足收納打造好運

開放式場域由大門即能望向窗戶，形成風水中開門見窗的穿堂煞氣，設計師運用鐵件結合系統櫃打造迴旋氣場化解忌諱，白色鐵件鏤空櫃體令視覺輕盈，並結合鞋櫃與衣帽櫃強化收納功能。圖片提供◎築青室內裝修有限公司

**材質使用**｜大量採用素淨木質，保有自然舒適的生活氣氛，而局部點綴的仿清水模，彰顯了整體的優雅與靜謐。

044

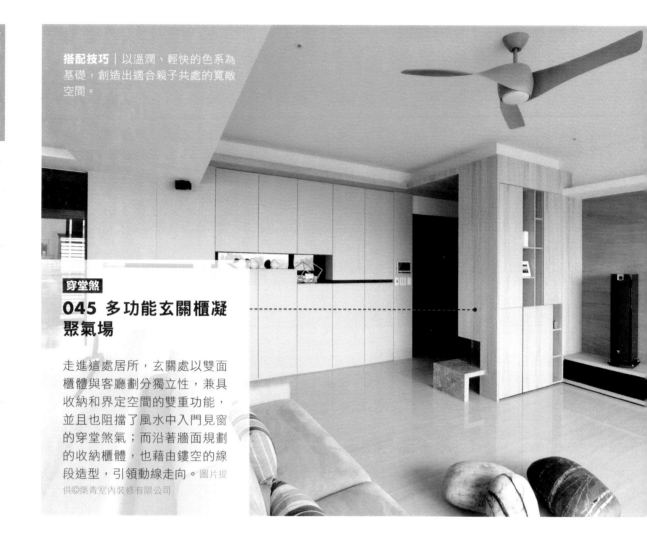

**搭配技巧** | 以溫潤、輕快的色系為基礎，創造出適合親子共處的寬敞空間。

**穿堂煞**

## 045 多功能玄關櫃凝聚氣場

走進這處居所，玄關處以雙面櫃體與客廳劃分獨立性，兼具收納和界定空間的雙重功能，並且也阻擋了風水中入門見窗的穿堂煞氣；而沿著牆面規劃的收納櫃體，也藉由鏤空的線段造型，引領動線走向。圖片提供◎築青室內裝修有限公司

**穿堂煞**

## 046 結合45度造型牆面的好運玄關

大門處沒有玄關，也面臨到入門見窗的風水忌諱，設計師特地做一道牆創造入口通道凝聚氣場，並運用大面灰玻遮蔽玄關處的變電箱，亦可做穿衣鏡使用，同時也讓玄關空間有了穿透意象。圖片提供◎築青室內裝修有限公司

**設計plus** | 45度的造型牆面，創造令人驚豔的視覺效果。

## 047 穿金鐵屏帶來視覺驚喜

玄關一進門後，視線沒有轉圜地直衝外窗，形成風水忌諱的穿堂煞，同時入門後一覽無遺的視線也顯得無層次與安全感。為了化解入室後無遮蔽的格局問題，在玄關末端立起五扇黑色折鐵短屏風，在玄關形成出色設計，並化解風水問題。圖片提供◎藝念集私設計

**設計plus│**黑色折鐵打造的屏風之間，穿插有金色橢圓洞型的裝飾設計，呈現現代感的立體風格。天花板與右牆同樣以橢圓洞型設計來呼應，創造設計趣味性。

**047**

## 048 粗獷原石、鏽鐵消弭穿堂風水

將原本無玄關的屋型，先規劃出長廊式走道玄關，同時運用訂製的裝置藝術鐵件，在玄關末端以前後層次的弧形鐵件，設計出前衛端景，成功遮擋直視客廳的目光，更避免穿堂格局的風水忌諱。圖片提供◎藝念集私設計

**材質使用│**玄關端景採用鏽鐵為主材質，呼應側牆、地板的原石建材，營造出走入地窖般的粗獷美感，更與客廳內藍光炫目的設計形成對比趣味。

**048**

**穿堂煞**

## 049+050 葉形屏風延伸視覺帶來生機

為了營造出屋主喜歡的自然開放格局，室內隔間盡量簡化，其中寬敞的玄關主要以
一道別緻的葉形屏風，作為大門與大廳落地窗之間的屏障，化解了傳統風水忌諱，
並以此展現主人的時尚品味。圖片提供◎藝念集私設計

049

050

**設計plus｜**以葉片與葉脈為造型，在
大廳與玄關間立起一扇葉綠屏風，且
巧妙運用鏡片填滿葉脈縫隙，讓視覺
隨鏡面延伸或反映周遭景象。

## 051 斜向黑鐵屏風遮蔽唐突視線

雖然有獨立玄關的格局，但是大門與客廳沙發區及落地窗之間卻絲毫無遮蔽或迂迴，為了避免直視目光的尷尬，設計師以黑色折鐵做成的造型屏風來作空間區隔，避開直沖的風水格局，同時也讓空間更間層次感。圖片提供©藝念集私設計

**搭配技巧** | 精準的斜向角度搭配簡潔造型，讓黑鐵屏風遮避入內的視線，又透出絲絲光暈，搭配地坪特殊石材紋理，呈現玄關優雅。

051

## 052 中式屏景隔開大門與外窗

由於空間的面寬不大，加上沒有正式玄關可做出轉圜格局，導致大門一開即可見到餐廳，甚至正對窗台的穿堂煞。為化解大門對窗的問題格局，同時保留採光的解決方案，就是在大門入口區設置屏風做區隔與轉移。圖片提供©優士盟整合設計

**搭配技巧** | 玄關以屏風搭配地板建材變化區分出落塵區，左側牆設有玄關櫃可加強出入收納機能；至於屏風前則設置風格端景，提升生活品味。

052

玄關、走廊、陽台篇

客廳篇

餐廚篇

更衣間、衛浴篇

臥房篇

書房、其它篇

**053**

**穿堂煞**

## 053+054+055 玄關鞋櫃緩衝直觀視線

考量玄關出入口有收納、置物等機能需求必須滿足，建置了木格柵造型鞋櫃，並將此設計轉折連結至電視櫃，也適度地遮蔽了大門直接面向陽台的視線；另一方面，在鞋櫃下端以厚層板取代櫃體，增加展示與置物的多元化，搭配燈光設計更避免櫃體沉重感。圖片提供◎森境＆王俊宏室內設計

**設計plus｜** 原格局並無明確玄關，為了擴大且定位玄關區，除了以不同的地坪建材來區分落塵區，同時以鞋櫃緩衝直視客廳的唐突視線。

**054**

**055**

**穿堂煞**

# 056 避免一鏡見底的懸空屏風

約30幾坪的中坪數住宅，難以規劃正式大玄關，但賓客一入門即可望見全盤的空間又讓人有不安全感，因此，以隔屏示意出玄關空間，並搭配橫向平台下設有抽屜設計，可擺設、可置物，解決玄關端景與小物收納需求，虛中帶實的輕盈穿透造型則讓光穿梭客廳與玄關間。● 圖片提供◎森境＆王俊宏室內設計

**設計plus｜** 隔屏是鐵件搭配石材所設計出的懸吊式，美觀且大方。

056

玄關、走廊、陽台篇

客廳篇

餐廚篇

更衣間、衛浴篇

臥房篇

書房、其它篇

**057**

**穿堂煞、尖角煞**

## 057 兩進式玄關動線趨吉避凶

大門位置落在客廳與餐廚區中央，且直衝中間廊道，設計師先以馬卡
龍色的古典鄉村風設計，淡化入門煞氣；右手邊玄關牆上端以半透白
玻璃作裝飾，保留了自然光線，同時讓進門多了緩衝，化解尖角煞及
穿堂煞。圖片提供◎采荷室內設計

**設計plus** | 在大門增設造形玄關牆，增加入門緩衝且同時化解不良煞氣。

## 058+059 L型櫃體既收納又避煞

一進玄關便看見客廳及大面窗戶，形成穿堂煞。此案設計師利用彩色地磚界定出玄關的空間，並做一個L型實木櫃體，有效避開煞型，也增加了收納空間，在一半櫃體的上方處，作玻璃隔牆，營造光影穿透感。圖片提供©原木工坊

**材質使用**｜連接牆面做出L型實木櫃體，增加收納又避煞型，並不靠牆櫃體上方做同系列玻璃窗，保留採光。

**材質使用｜**利用寬窄不一的幾何不透光窗簾做掩蔽，解決壁刀煞型與西曬問題。

**斜角煞**

## 060 一道窗簾，解決西曬與壁刀

本案為位於市中心大馬路旁超過15年的老屋，恰好對到斜角的屋頂且有較為嚴重的西曬問題。設計師利用寬窄不一的幾何不透光窗簾做掩蔽，不僅解決壁刀之煞，同時解決西曬的問題。圖片提供◎芳格空間設計事務所

061

**穿堂煞**

## 061 輕巧屏風擋煞不笨重

擁有大片落地窗加陽台是可遇不可求的，但可惜進門就對到落地窗產生穿堂煞，易使家中福氣不易聚集。設計師運用輕巧不占空間、具有穿透性的屏風，立於客廳交界處，界定出玄關位置，也擋住不良煞型。圖片提供◎丰越室內設計有限公司

**材質使用｜**黑鐵框、透明玻璃搭配圖樣的玻璃紙，有阻擋穿堂煞的作用，且沒有大型櫃體的壓迫感。

062

## 062 藝術品擺玄關,化煞顯品味

原本從大門進來便看見開闊的客廳與大片落地窗,良好的通風與採光都因為有落地窗而來,但門對落地窗會形成穿堂煞,於是設計師運用貼木皮的隔牆做出玄關,既能避開煞型,又能擺放藝術品,突顯主人品味。圖片提供©沐果室內設計有限公司

**搭配技巧**｜利用輕巧的貼木皮的隔牆與鑲嵌藝術雕件,讓玄關宛如美術館入口。

063　Before

After

## 063+064 入口設計玄關避免門見門

一入門口即見落地窗,為門見門的穿堂煞,在風水格局上易造成漏財、性格急躁易與人生口角,甚至影響身體健康。設計師為了破解一開門即見落地窗的穿堂煞氣,在入口處做了個雙面櫃,簡單的隔間化解了風水禁忌。圖片提供©禾光室內裝修設計

**設計plus**｜櫃體的設計讓進門後有了緩衝的空間可以穿拖鞋外,並調整室內的氣場。

玄關、走廊、陽台篇

客廳篇

餐廚篇

更衣間、衛浴篇

臥房篇

書房、其它篇

**065**

穿堂煞

## 065 格局調整扭轉風水

此案一入門就見窗，形成穿堂煞。不過因為空間較大，可以透過格局調整來解決問題，因此設計師規劃了一處和室空間，並在玄關通道轉向和室的轉角擺放水缸造景，引進水流同時象徵帶財，補財氣在這格局內。圖片提供©鼎爵設計工程

**搭配技巧** | 擺放水缸造景，象徵帶財的好福氣。

**066**

穿堂煞

## 066 穿透式鐵件隔屏，一舉兩得超實用

視覺入門見底的落地窗，形成穿堂煞的疑慮。設計師利用鐵件打造穿透感的風水隔屏，化解煞型；另外，兩臥房格局的收納空間極為有限，屋主希望出門、回家時，能夠有一個順手掛衣服的地方。於是，設計師運用鐵件隔屏置入垂掛衣物的實用機能，外出、回家時可隨時取放外套、圍巾和傘具，一舉數得，非常方便。圖片提供©錡羽創意空間設計

**材質使用** | 鏤空的鐵件隔屏，中央處以玻璃增加視覺的通透感，巧妙地將內外場域做了區隔又不封閉空間。

67

穿堂煞

### 067 左右鋪石子，營造自然氛圍

原本屋子的格局是入門正面一片落地窗，因為門窗相對，不容易聚氣納財，更容易影響屋主財運。利用格局更動，雖然不會再看到窗戶，但玄關空間依然擺放水缸，走道兩側擺放小石子，塑造一種開闊自然的氛圍，也象徵引進財源。圖片提供◎鼎爵設計工程

**搭配技巧** | 置放水缸營造自然風情，讓財源能源源不絕。

穿堂煞

### 068 客廳玄關墊高地板破煞氣

風水內很避諱入門就見大面窗，象徵財庫留不住，但封掉窗戶又少了一片景觀，設計師運用可以墊高的地板破煞氣，再利用大門上的吉祥圖騰增添好兆頭，並在窗前規劃窗台，擺放一些擺飾緩和入門直接面對窗戶的問題。圖片提供◎鼎爵設計工程

**搭配技巧** | 設計吉祥圖騰或是福木植栽，解決煞氣影響。

068

玄關、走廊、陽台篇

客廳篇

餐廚篇

更衣間、衛浴篇

臥房篇

書房、其它篇

**穿堂煞**

# 069 佈置閱讀區，進門最吸睛

玄關進門正對陽台門，正是前門對後門造成家中之氣不易聚集，旺氣直瀉而出的「穿堂煞」，設計師打造一個柱體，並利用柱體與置物櫃中間，做成閱讀區，不僅破解煞型，更保留良好的通風與採光。圖片提供◎綺寓空間設計

**設計plus** | 利用柱體與書桌做出一個閱讀區，阻擋了門對門的穿堂煞，也讓空間多了一個角落可以運用。

069

070

## 072 懸浮櫃體化解入門見窗煞

此別墅玄關處因連結1樓與2樓，特殊樓高顯得空間分散，同時開門見窗的格局不易聚氣，設計師將進門左側設計懸浮櫃體，與直窗、門錯落修飾窗煞，並以軟裝傢具定義出空間規範，為最巧妙的破解法。圖片提供©質澤室內設計

**設計plus** | 格局中出現散財的窮困風水，用吊燈與櫃體燈定義空間使用範圍，讓財氣更加凝聚不易散發。

072

## 070+071 格柵屏風靈巧轉換內外界定

此案進門入內就是餐廳區域，開門即對到餐桌與落地窗，形成錢財外露的入門煞格局，設計師在進門處設計了鐵件與木材結合的造型格柵，與室內展示櫃相呼應，巧妙破解了煞氣，橫直線交錯形成了獨特的設計手法。圖片提供©明代室內設計

**設計plus** | 簡單的造形玄關牆不僅阻隔破解煞氣，也增添了無形的安全感。

71

**穿堂煞**

## 073+074 視覺端景牆面，巧妙擋煞

大門口正對陽台，在風水上有破財、窮困等疑慮。設計師以淡雅典麗的新古典為主軸，進門處以金色線板與文化石結合的視覺端景牆，巧妙遮蔽大門口正對陽台的穿堂煞，更利用玄關處與客廳背牆，做了簡單的造型壁爐，更添空間氣勢。圖片提供◎陶璽室內設計

**材質使用**｜金色線板與文化石結合的視覺端景牆，有代表財富的風水設計巧思。

**增財納福**

## 075 營造水流景觀，美觀又帶財

居家風水中，陽宅前的水池稱作「風水池」，水流方向最好是明水來，暗水去。在此案中，設計師利用水池做了景觀，並將水流引向屋內的財位方向。圖片提供◎合逸設計

**搭配技巧**｜原先室外露台僅是一般空間，增設水池後，多了閒適氣息。

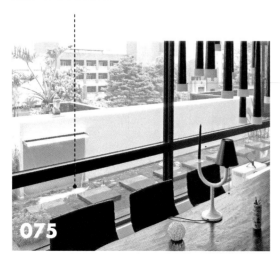

**設計plus**｜重新調整格局，為免一進門即見通往地下室的向下樓梯，形成風水禁忌中的「開門見梯」。

破財煞

## 076 門不見梯守住錢財

風水學當中，向下的樓梯為「溜財梯」，若是門外正對此梯，就會形成破財的「捲簾水」格局，導致居住者的財運如溜滑梯般直線下降，不但不利進財，也不利守財，工作方面更有節節敗退之意。設計師在設計時將格局重新調配，錯開下地下室的樓梯，並錯開通往後陽台的門隔絕破財煞。圖片提供◎馥閣設計

**076**

破財煞

## 077 一道多功能櫃牆，三區共用

開放式設計的公共區域，客、餐廳與書房連成一個寬敞空間。但由於沒有玄關，大門就直接對著餐桌的位置，容易形成煞氣，設計師巧妙用系統板材打造櫃牆，闢出約1.5坪的玄關，遮住餐桌也讓出入動線有所緩衝。圖片提供◎南邑設計

**設計plus**｜長2.1米的落地櫃牆為三面設計，在玄關中央四扇門片為大型鞋櫃、在廚房是陳列架與餐具櫃、在客廳入口則化為帶有展示槽的轉角櫃。

**077**

玄關、走廊、陽台篇

客廳篇

餐廚篇

更衣間、衛浴篇

臥房篇

書房、其它篇

**078**

## 078 走道化身橢圓交誼區

在走道末端的兩間房間門，形成面對面的對門煞對峙格局。搭配增加一房的格局變動，將走道區順勢放大成橢圓形格局，同時增設書櫃、天花板造型與牆面掛畫等設計來化解走道無趣感，也轉移了門對門的印象，使走道變成閱讀交誼區。圖片提供◎演拓空間室內設計

**施工細節** | 增加格局的變動，並以橢圓形視覺效果放大空間格局。

**079**

## 079 營造迂迴奇想，創造財流

財位隱蔽性不足，風水上易有散財問題。設計師規劃踏進室內前必須先經過一場迂迴之道，踏上基數踏階，入門後是結合景觀設計的水池。在風水上，每間屋子有屬於自己的財位，透過格局更動改變動線方向，是為了讓財位的風水更順，而水在風水中象徵「發」，水局鋪設也是為了引進財流。圖片提供◎鼎爵設計工程

**施工細節** | 景觀設計的水池屏障，也引進了財源滿溢。

設計plus｜百葉與玻璃格子的語彙也強化了整體空間的鄉村風格。

**破財煞**

## 080 活動隔間同時也能強化風格

整個公共區為開放式設計，一進大門就可望見整個客、餐廳與廚房，形成難以聚財的破財煞氣。在廚房、餐廳的外側加設一道木作隔間。木作的左右兩側是固定式的百葉門扇，中間則鑲嵌透明玻璃的格子拉門，成功屏障餐廚區的同時也保有了空間的寬敞與大器。圖片提供◎亞維設計

081

**破財煞**

## 081 造型屏風的半遮擋效果

明亮的客、餐廳，卻因為玄關區毫無遮擋，一進大門就會望穿全局，形成破財煞隱憂。設計師在玄關與客廳交界處加設造型屏風，以局部遮擋的手法，遮蔽了屋內的廚房、通往臥房的走道與局部的客廳，仍讓各區空間享有寬敞與明亮，動線也依舊順暢。圖片提供◎亞維設計

**材質使用**｜深色木作的上半部鑲嵌鐵件花窗與白膜玻璃，透光卻不透視。

玄關、走廊、陽台篇

客廳篇

餐廚篇

更衣間、衛浴篇

臥房篇

書房、其它篇

**搭配技巧** | 玄關牆面搭配金色壁紙，巧妙遮蔽廚房位置。

**開門見灶**

## 082 設玄關牆，遮蔽開門見灶

視覺穿透性而產生入門煞中的開門見灶。設計師在門口設置金色壁紙的玄關牆面，有效遮蔽廚房位置，化解風水開門見灶的煞氣，同時也使大門的氣流可打至牆上，形成對流迴風，為藏風聚氣的吉利設計。圖片提供◎陶璽室內設計

**開門見灶**

## 083 LOFT玄關櫃化解開門見灶

廚房灶火外露被視為是風水忌諱，此案例為避免開門直接見廚房的格局，在大門與廚房中間設有機能玄關櫃，除轉移焦點、也化解風水問題；另外為確保室內空氣更健康，在廚房與客餐廳面還另設滑門來避免油煙外溢。圖片提供◎優士盟整合設計限公司

**設計plus** | 在鋪設六角磚的玄關底端，緊接的是黑鐵與木皮複合設計的端景櫃，其中黑鐵層板可增加入門區的裝飾性，而木門高櫃則提供玄關收納機能。

**083**

084

085

**開門見灶**

## 084+085 設計原木拉門，代替實牆化煞

原本狹長的走道左側是廚房流理台與冰箱放置的位置，但等於一進門就看見廚房一隅，屬於開門見灶的入門煞，設計師便製作原木拉門代替實牆，需通風時才打開拉門，不用時關上拉門，破除開門見灶的風水。圖片提供©綺寓空間設計

**施工細節**｜利用與書架相同的原木材質，做一拉門，讓通過走道的人不會看見廚房流理台。

086

**開門見灶**

## 086 靚白裝飾牆化解廚灶煞氣

中島餐廚區擁有寬敞且開放的格局，但缺點是大門進來一轉身便撞見廚房，為了稍微遮蔽廚房工作景象，在玄關區右側特別加設裝飾牆，此設計可以讓玄關格局更為完整，同時也增加了展示空間。圖片提供©藝念集私設計

**設計plus**｜玄關右側的裝飾牆以鏡面搭配層板設計，透過鏡面反射左側的玄關鞋櫃，也放寬玄關走道尺度。

**087**

**088**

### 對門煞

## 087+088 化解對門煞，淡化臥房門

走廊盡頭有兩間臥房與浴室的門相對成ㄇ字型，其中兩臥房門成了所謂對門煞，此煞形為容易產生口舌爭端的不良風水。在無法更改格局的情形下，將臥房門與大型櫃體做融合，使視覺上淡化掉「門的」概念。圖片提供◎原木工坊

**設計plus**｜置於走道與客廳的巨型收納櫃，用不同形式的區塊增添設計感與實用性，臥房門選用同材質，以利融入其中。

**對門煞**

## 089 造型櫃體化解對門煞

進門處通過一道走廊，即看見廊道盡頭臥房
的門，形成所謂的對門煞，為避掉煞型，設
計師在玄關處建一組實木櫃體，櫃體既有拉
門的位置可擺放鞋子等物品，又有開放的空
格，能方便擺放屋主的收藏品。圖片提供◎原木
工坊

**設計plus│** 櫃體不全然為密閉型收納空間，保留
正方格子為造型，又能擺放小型物件。

089

**對門煞**

## 090 輕巧屏風擋煞且不占空間

進門處一眼望見廊道處的臥房房門，造成對
門煞，但玄關空間狹小，無法做櫃體，設計
師便利用屏風來阻隔煞型，玻璃的穿透性搭
配原木雕花，讓小屏風有畫龍點睛的裝飾作
用。圖片提供◎原木工坊

**材質使用│** 原木搭配玻璃做出屏風，雕花加強美
觀與設計感，玻璃的穿透性讓光線不致被阻擋。

090

**091**

**093**

### 對門煞
## 093 修飾門片打造出質感牆面

此案格局為一進門有一走道，右方為客廳，左方為餐廳，走道盡頭為臥房門，為避免對門煞，設計師將臥房門用木片與花式玻璃做出美化的修飾門片，讓其看起來像是廊道的一個造型牆。圖片提供◎原木工坊

**材質使用**｜原木與花式玻璃的異材質拼接，讓臥房門彷彿隱形成為一個造型牆面，成功化解對門煞，又增添設計質感。

對門煞

### 094 用「遮形」逆轉煞氣，創造一室好運

台灣早期許多長形屋，尾端空間往往對著別人家的屁股，而且採光也會因此受阻礙，以風水上來說，光線受到阻礙是不佳的。如果無法改變格局，那麼可以用「遮形」方式巧妙避開，就像此案子用竹籬笆概念塑造自我環境的優雅，避開外在景觀，同時引進日光。圖片提供©鼎爵設計工程

**設計plus**｜採用竹籬笆的設計概念營造新格局，讓光線自然流入，也巧妙避開煞氣。

**對門煞**

### 091+092 對稱造景門片化煞於無形

從大門一進門便正對臥房門，形成對門煞。但有兩間臥房的門正對大門，格局不易變更，設計師採用修飾門片的技巧，將兩扇門用木材雕出一棵樹的造型，彷彿是走道盡頭一幅畫作，成功化解不良煞型。圖片提供©原木工坊

**搭配技巧**｜兩扇門用對稱方式拼成一棵樹的造型，既感覺是一幅畫作，又淡化了房門的感覺，讓對門煞消失於無形之中。

094

**對門煞**

### 095 強大機能屏風，進出門好輕鬆

本案是一台北舊公寓，入門的玄關，原為公寓室外的長廊，包覆後的視覺為大門一通到底直對廚房後門，形成對門不良煞型。設計師規劃一組多功能屏風，除了化解煞氣外，屏風的動線分別為整衣光源、穿鞋櫃、整衣鏡、鞋櫃、掛衣勾等，功能性相當強大。圖片提供©德承設計

**設計plus**｜多功能屏風滿足屋主對於在冬季濕冷的台北，進出門時能夠更輕易穿脫的需求。

095

**096**

**097**

### 露天玄關煞
## 096+097 輕隔間，美型且實用

此宅一進門就是陽台，接著是客廳，沒有緩衝的玄關，也沒有收納鞋子的櫃體，直驅入室的視線也少了遮蔽，導致露天玄關煞，讓視野過於通透而好運卻得不到。設計師利用輕隔間打造的短牆來遮擋視線，予以化解；另沿著女兒牆配置上下櫃，成為玄關區專屬的儲物櫃與鞋櫃，而中間鏤空的設計讓玄關仍享有天光。圖片提供©亞維設計

**搭配技巧**｜刷上檸檬黃復古漆的短牆，搭配橄欖綠的線板及格子窗，與復古紅磚的地坪營造南歐風情。

## 098+099 樑下變收納，巧藏入門柱

入門處有二樑柱：進門左邊與水晶燈正前方。左方樑以收納兼展示櫃延伸，增加機能性，輔以鏡面門板打亮玄關；水晶燈上方樑較低，設計師巧妙以樑的最低處為水平，做「口」字型堆疊，形成造型天花，象徵節節高升。圖片提供◎亞維設計

**施工細節**｜入門左方為一樑、水晶燈前方亦同，左方做成入門玄關兼展示櫃，上方則以「口」字型做堆疊，象徵節節高升。

098

099

00

## 100 鍛鐵雕花，隔出大氣美感

本案為透天別墅，入門見落地窗形成穿堂煞且玄關跟室內的空間分界模糊。設計師利用鍛鐵雕花隔屏化解之，同時以花磚將內外空間自然區分，再透過鏡面、玻璃等穿透性的材質放大空間，使玄關更顯得大氣。圖片提供◎芬格空間設計事務所

**設計plus**｜運用鍛鐵雕花隔屏化解穿心煞，再透過鏡面、玻璃放大空間，使玄關有大氣美感。

玄關、走廊、陽台篇

客廳篇

餐廚篇

更衣間、衛浴篇

臥房篇

書房、其它篇

**穿堂煞**

# 101+102 霧面隔屏，保留光源穿透性

屋主偏好簡約、溫暖的居家風格，整體設計上顏色使用較為相近，讓視覺柔和。入門見窗，形成穿堂煞，設計師運用與玄關收納水平對齊的霧面隔屏處理，化解煞型，植入寬窄不一的幾何線條，設計感十足，同時保留光源的穿透性。圖片提供©亞維設計

**搭配技巧** | 運用霧面隔屏，植入寬窄相間的幾何線條，充滿設計感，同時保留光源的穿透性。

**對門煞**

# 103 解決對門不安，改大門同時引光源

本案為狹長型老屋，位於巷弄內的1樓，大門與對街大門相對，室內採光不佳而顯昏暗。設計師直接改變大門位置，解決對門之境，並在院內以採光罩屋頂將天光引進來，佐以大片落地門窗，讓光源得以流通無礙。圖片提供©芬格空間設計事務所

**施工細節** | 改變大門位置，以採光罩屋頂將天光引進門，加上大片落地門窗，讓室內採光大好。

**104**

**105**

財位見空

## 104+105 風水魚缸,增加生氣又招財

從玄關進入客廳處為家中財位。設計師將風水魚缸運用嵌入式的概念包覆整體,下櫃收納、上櫃則將馬達、插座管線隱匿,視覺上非常乾淨。櫃內還置入抽風設備,避免濕氣,將大自然的氛圍融入居家,不止為屋主帶來穩定的心靈,同時還有開運招財的功效。圖片提供◎浩室設計

**施工細節** | 風水魚缸運用大地色的木質上下櫃包覆,嵌入式的概念,將管線全數包入,視覺乾淨整齊。

玄關、走廊、陽台篇

客廳篇

餐廚篇

更衣間、衛浴篇

臥房篇

書房、其它篇

**穿堂煞**

## 106 一櫃兩用，隔屏兼具電視牆

門見底，穿堂之困，設計師運用隔屏處理之，且一櫃兩用，阻擋煞氣，滿足屋主對於設計極簡的偏好。玄關處由於龍邊碰壁，龍邊主管男主人的事業運，設計師採用深色玻璃阻擋煞氣，出門前還能順道整理儀容，一舉兩得。圖片提供◎芬格空間設計事務所

**設計plus**｜隔屏一面是電視牆、一面是簡易線條的屏風，一櫃兩用，阻擋煞氣，滿足屋主對於設計極簡的偏好。

106

107

**穿堂煞**

## 107 典雅端景牆確立玄關區

大門一開即看穿大廳全景，加上大門直視落地窗導致有穿堂煞的破財忌諱。為避免毫無遮蔽的大廳格局，在大門與客廳之間設置衣帽間，如此規劃可讓玄關格局更明確而完整，同時遮蔽了穿堂煞。圖片提供◎芬格空間設計事務所

**設計plus**｜衣帽間也解決玄關的收納機能，成為貼心又能解決風水格局的好設計。

**穿堂煞**

## 108 斜格柵引入光源，玄關生氣綠意

開門見窗，煞為穿堂，使宅內氣場不穩，除了無法聚財外，還易有血光之災。設計師運用斜格柵的通透取代把空間擋死的屏風，保留大面窗戶所引進的光源，化解了穿堂疑慮又提升整體玄關的亮度，擺上植栽，玄關風情畫龍點睛。圖片提供◎浩室設計

**設計plus**｜窗戶巧妙運用斜格柵讓光源得以穿透，打亮玄關區，兼具設計感，放上綠植栽，使得綠意盎然。

108

## 109 異材結合襯起大宅氣度

進門即見落地窗且原屋本身的收納空間不足。設計師利用黑玻、鐵件、石材及木作等異材質結合拼接，搭配美型燈光投射，使得玄關植入雅緻豪氣的宅第風範。另外，整面的隱藏式收納櫃與玄關展示櫃，美感與機能兼具。圖片提供◎芬格空間設計事務所

**設計plu** | 異材質結合拼接，並加入燈光投射，化解煞型也讓玄關植入豪宅風範。

穿堂煞

## 110 加大玄關，美感與機能兼具

本案的屋型較為狹長，開門見落地窗有穿堂煞疑慮，設計師刻意加大玄關，供屋主陳列古玩蒐藏，進入時立即得到心境上的轉換並化解穿堂疑慮。另外，大面積的鞋櫃收納與中式端景台、隔屏，使玄關空間美感與機能兼具。圖片提供◎芬格空間設計事務所

**搭配技巧** | 中式隔屏、端景台與玄關古玩展示櫃相呼應，化解煞型，功能性與美感相得益彰。

110

玄關、走廊、陽台篇

**客廳篇**

餐廚篇

更衣間、衛浴篇

臥房篇

書房、其它篇

### 111.破腦煞

環境中不當的樑壓格局衝擊腦部，都可能造成主人神經衰弱或是睡不安穩、多夢等問題。床頭處、沙發、書桌坐椅等樑壓，或臥房中床頭後方為廳房、走道或廁所，都為擾亂思慮的破腦煞。插畫◎黑羊

**化解法**

改變臥房、客廳格局或床、沙發的座向與位置，若有樑壓則需以裝潢修飾天花板，或以燈光、櫃體等隱化樑的存在感。

## Chapter 2 客廳篇 煞型衝突

### 112.庄頭煞

天花板有大型突出物像是水晶燈等落在座位區，尤其是沙發、餐椅上方，容易帶來壓迫感，吊燈位置過低、過於刺眼或過於搶眼，都易影響思慮，並干擾氣氛。插畫◎黑羊

**化解法**

控制吊燈的長度和大小，以不干擾居住者視線為原則，通常吊燈需要足夠寬闊的空間才適合擺放。

### 113.沙發無靠煞

沙發後方為走道或起居空間，讓沙發成為一懸空狀態，坐在此處易讓人缺乏安全感、心情浮動，工作運勢起伏，且人際關係偏弱，在風水學中，這樣亦為沒有靠山，事業工作難以順心。插畫◎黑羊

**化解法**
沙發需倚牆擺放，或在後方設立收納櫃或長桌，與走道保持一定距離，遠離空間中易干擾的因素。

# ✕ 修 飾 調 整

### 114.破財煞

除了「入門煞」外，凡自外而內進入時，一開門即見到客廳生活動態，家人居住生活毫無隱私及安全感，屬於「破財煞」，會致使家中存不住財，同時有官司是非、需花錢消災的麻煩上門。插畫◎黑羊

**化解法**
設立玄關空間，或以牆、屏風遮擋進門的視線，一般套房也可以設置門簾阻隔外來的視線，化解煞氣。

玄關、走廊、陽台篇

客廳篇

餐廚篇

更衣間、衛浴篇

臥房篇

書房、其它篇

### 115.孤傲煞

客廳小於臥房空間，易造成房中主人無形間自我膨脹、孤傲自閉的情況，而需要交流互動的客廳場域若狹小氣悶，容易讓家人不易聚心，彼此同住卻距離遙遠，也讓進門拜訪的客人不想久待，難有貴人。插畫◎黑羊

**化解法**

需要重新隔間，調整每一場域的活動範圍，或是將客廳合併餐廚空間，成一開放式寬廣大客廳。

### 116.斜角煞

客廳的45度斜對角度有對外的窗或為走道、門等，屬於斜角煞。此處為俗稱的財位，通常是聚全家之氣的地方，如果此處剛好開窗或擺放垃圾桶等，氣難以聚集，錢財易留不住。插畫◎黑羊

**化解法**

需將窗戶封掉約60公分寬度，門則作成暗門等裝潢方式化解，此處可擺放招財貓、盆栽等物品提升財氣。

## 117.坎坷煞

又稱不平煞、勞苦煞，很多人為了區隔空間場域，架高部分空間，但客廳中出現高低落差的地板最易影響男主人，可能招來意外傷害，命運多波折、變動極多，前高後低的地面則象徵家運節節敗退。插畫©黑羊

### 化解法
以不同地板建材區分空間，或從天花板的區隔場域，避免不平地面的設計，若房子地面本身不平或歪斜，最好重新施工。

## 118.靠窗煞

客廳中若沙發背後靠窗，或是沙發側邊臨窗等，風水上都屬於「無靠」，因為窗是另一空間的延伸，無實質倚靠力量，沙發靠窗，代表事業工作難有貴人，也要預防小人背後中傷。插畫©黑羊

### 化解法
改變客廳擺設方式，讓沙發後為高櫃或牆，窗戶可在下方設置收納空間，隔出適當距離。

玄關、走廊、陽台篇

**客廳篇**

餐廚篇

更衣間、衛浴篇

臥房篇

書房、其它篇

119

沙發無靠煞

## 119 半腰石牆提供最穩依靠

客廳中沙發位置的擺設動線適宜，則能為家中帶來穩定的財源與事業運。沙發後面需要靠牆，才能避免無依無靠、孤單無援之運，本案客廳規模較大，又不想以牆面阻隔光線，因此用半腰石牆作為客廳與書房的絕妙分隔，同時讓沙發有靠，破解沙發無靠煞，一舉多得。圖片提供◎大湖森林設計

**材質使用**｜造型半腰石牆成為沙發後方最穩的倚靠，不阻隔光線之下成功劃分兩邊區域的界定，巧妙且兼顧了實用性。

## 120+121 隔間轉個彎，三區受益

寬敞大宅，由於開放空間沒有設置玄關，一開門就可望穿整個客、餐廳與廚房，導致破財煞。設計師將緊鄰客廳的書房往外拓寬1、2公尺，讓書房變得更寬敞、舒適，正對著大門、裝飾金褐色方型線條版的奶油白造型牆，也與原木柱造型天花、花磚構成玄關區，並遮擋了直望廚房爐灶的視線。圖片提供◎亞維設計

**搭配技巧** | 裝飾金褐色方型線條版的奶油白造型牆，有效遮擋直望廚房爐灶的風水憂慮。

**120**

**121**

**122**

## 122 雙重設計，化解煞型又兼具採光

古人説：「開門見灶，錢財多耗」，即便是本來有不錯的賺錢能力，也會越降越低。本案由於建商配置的L型廚具，使得大門一入，就會看到水槽、爐灶。設計師外側利用條紋格柵、內側採用茶玻噴砂做出格屏，條紋格柵與電器櫃及玄關牆面交相呼應，整體上更顯一致，化解了不良煞型。圖片提供©德承設計

**材質使用** | 茶玻噴砂視覺上入門不再見灶，也保留了採光的穿透性，雙重用心，讓屋主財源廣進。

## 123 格子門的透空比例密技

一進門就看穿整個客、餐廳與廚房，用餐區欠缺安全感，也失去了整體空間的層次感。在客廳與餐廚區之間增設拉門，可靈活地封閉或打開空間，但也容易導致餐廳變得窄迫；選用上方鑲嵌透明玻璃的隔扇（格子門），鏤空的上半部讓餐廳享有開敞感，而下方的實心裙板則比桌檯稍高些，剛好可遮藏餐桌與爐灶。圖片提供©亞維設計

**材質使用** | 透明玻璃的隔扇，是方便遮蔽不良煞型的良好材質。

**123**

# 124+125 隱藏門片化解一箭穿心煞

臥房設於走道盡頭,在陽宅風水學中代表「一箭穿心煞」,容易引來居住者的血光之災。設計師以造型牆面讓門片與客廳展示櫃巧妙融合,並以左右拉闔的形式表現,就算開門房間端景依然能與櫃體相連結,以美感化解煞氣。圖片提供◎趙玲室內設計

**設計plus**｜
造型牆面讓門片與客廳展示櫃巧妙融合,平時關起就是展示櫃端景,避開風水疑慮。

玄關、走廊、陽台篇

客廳篇

餐廚篇

更衣間、衛浴篇

臥房篇

書房、其它篇

**入門見廊**

## 126+127 木作牆遮擋玄關旁的廁所

後門是屋主全家最常出入之處，故在此設置內玄關。但一樓的廁所也位於此區，設計師巧妙使用木作在內玄關打造L型裝飾牆來遮擋廁所，順勢修飾在此交錯的大樑。木作牆並順著樑底高度鑲嵌一道茶色玻璃，半透明的有色玻璃讓牆內的廁所不覺得封閉，同時又顧及隱私。圖片提供◎賀澤室內設計

**材質使用**｜橫貼的榆木皮以水平線條來有效延伸視覺的尺度。

127

破腦煞

## 128 造型線板，典雅新古典天花

屋主鍾愛新古典風格，屋內格局恰巧有一大樑橫貫客、餐廳。設計師將新古典的重要元素「線板」，置於天花板的樑包覆，增添造型，調整印入眼簾的壓迫感；另外透過間接光源的調配，虛化線條，成為典雅的造型天花。圖片提供©德本迪國際設計

**搭配技巧** | 透過線板的造型與柔和的間接照明，將頂上大樑虛化成造型天花板裝飾。

128

破腦煞

## 129 延伸大樑巧變空間分隔

本案的客廳有一支非常大的樑柱貫穿，長期坐於樑下者，恐有諸事不順的疑慮。設計師巧用菱形延伸的概念，將樑柱由左、右兩側傾斜延展出去，讓原本樑柱的壓迫感被虛化，化解煞氣，且將工作場域與客廳做出自然區隔的感覺。圖片提供©一水一木設計

**施工細節** | 運用菱形延伸的概念，將樑柱由左、右兩側傾斜延展出去，有效虛化樑柱。

玄關、走廊、陽台篇

客廳篇

餐廚篇

更衣間、衛浴篇

臥房篇

書房、其它篇

130

131

**穿堂煞**

## 130+131 多功能屏風牆遮擋尷尬視線

客、餐廳與廚房為開放空間，一進大門就能看穿整個公共區，就連爐灶與廁所門也都暴露無遺。設計師在餐廚區與客廳之間增設櫃牆，讓空間有了層次，同時遮擋一覽無遺的視線。雙面可用的設計，在客廳是電視牆，另一側則成為餐櫃。圖片提供◎齊禾設計

**施工細節**｜櫃牆寬2.4米、深60公分，由洗白梧桐木打造，上方透空、兩側各留通道的設計，讓龐大量體不顯笨重。

## 132 方正的客廳格局納進好運

原客廳屬不規則梯型，有著壁癌、漏水及地板突起問題，本身也因格局不方正多了許多畸零地。風水學上方正格局能講求家和萬事興，多角則多煞，本案設計師運用設計手法將格局修正，多餘的空間做小陽台及儲物間使用，充分考量到動線和環境空間，再造自然有氧的新生活小宅。圖片提供◎南邑設計事務所

132

**搭配技巧** | 客廳以舒適淡綠作為牆的主色，輔以沙發、地板、地毯等軟件搭配更添福氣。

## 133 是造型牆也是展示櫃，讓廁所隱於無形

居家大門面廁所，造成穢氣直衝。設計師以兼具多重功能及設計細節的造型牆面將之包覆，其中巧思包含L型牆面一體成型，一邊做書櫃兼具展示的功能，收納機能大增；一邊以深淺、寬窄差異的造型牆面將整個廁所包覆其中，無把手設計的廁所門，透過凹凸深度不同線條隱蔽其中，視覺上顯得格外有型。圖片提供◎德承設計

**設計plus** | 格局中廁所的空間較為狹小，利用入門前的收納櫃增加置放空間。

133

玄關、走廊、陽台篇

客廳篇

餐廚篇

更衣間、衛浴篇

臥房篇

書房、其它篇

**134**

**138**

庄頭煞
## 134+135 挪動樓梯、微調格局化解庄頭煞

美式風格住宅除了空間框架極為重要，傢具傢飾也是形塑氛圍的關鍵。25坪的樓中樓，原始格局瑣碎、空間感不足，經設計師挪動樓梯位置、對調客廳與主臥區塊之後，公共空間擁有舒適明亮的光線，挑空的客廳得以搭配典雅的吊燈，卻又能避免造成壓迫不適。圖片提供◎陶璽空間設計

**施工細節** | 重新調整的格局，為2樓創造出儲藏空間、起居客房，讓小宅擁有超乎想像的坪效與空間感。

136

## 136+137+138 原木將樑壓轉化
## 為風格天花

自然風風格的客廳看來明亮又清爽,沙發上方
卻有道寬達45公分的橫樑;而且,限於格局與
面積,怎麼都無法避開它。設計師與屋主討
論,決定用木皮包覆,使橫樑轉化為風格元
素。白胡桃木皮從橫樑延伸到通往臥房的走道
天花,後者的高度刻意與樑底拉齊,順利消弭
橫樑的突兀感。圖片提供◎齊禾設計

**材質使用** | 木質天花的使用,也呼應了空間內草皮
地毯、餐廳的文化石主牆等元素。

137

玄關、走廊、陽台篇

客廳篇

餐廚篇

更衣間、衛浴篇

臥房篇

書房、其它篇

**139**

**140**

沙發無靠煞

### 139+140 半牆區隔解決無靠煞

當受限於空間規劃無法擁有實牆擺放沙發，又希望視野能保有寬闊舒適，不妨利用半高牆面取代，兼具沙發與書桌的倚靠，而烤漆牆面則妝點白色線板設計，回應美式居所主題，也藉由半牆的規劃，創造出環繞的回字動線。圖片提供◎陶璽空間設計

**設計plus│**半牆隔間高度約莫為85公分左右，可避免視線被阻擋，也能稍微遮擋桌面的凌亂，又能帶出寬闊感和延伸作用。

**141**

## 141 矮隔牆巧妙形成人造靠山

沙發背後沒有實牆，在風水上形成「無靠山」的不佳風水。設計師於沙發背後設計風格一致的白色矮隔屏，製造「人造靠山」，沙發後有靠，則無後顧之憂，才符合風水穩重、有靠山之意；反之如沙發背後無靠，在風水上是散洩之局，難以旺丁旺財。圖片提供◎陶璽室內設計

**設計plus│**風格一致的白色矮隔屏，也使空間氛圍更顯俐落典雅。

## 142+143 太極無窮空間破解四方煞

75坪大房中，客廳設計不僅要氣派體面，且要能有逢凶化吉的格局，本案空間儘管沙發無靠且上方樑壓，但圓弧電視牆面與圓弧沙發，形成動態運轉的視角，也創造了源源不絕的流動氣，破解空間內的煞型，圓圓滿滿無畏無懼。圖片提供◎奇逸設計

**設計plus│**以圓形茶几為核心，展開圓弧無銳角的曲面結構，形塑強大的運轉能量，化解空間中的不安定感。

**142**

**143**

玄關、走廊、陽台篇

**客廳篇**

餐廚篇

更衣間、衛浴篇

臥房篇

書房、其它篇

**144**

`沙發無靠煞`

## 144 櫃體坐鎮氣場更安穩

由於客廳採開放格局，加上原書桌方位後方為窗戶，少了可倚靠的牆面，文昌能量單薄，因此讓書桌轉向與餐桌做連結，同時在背後規劃三座門櫃，成為書桌的厚實靠山。圖片提供◎演拓空間室內設計

**設計plus**｜簡單的軟件移動，便讓空間有了巧妙連結，氣場更加安穩。

`沙發無靠煞`

## 145 一舉數得的多功能櫃牆

大坪數客廳的沙發背牆上有橫樑，若為避開它而將沙發往前挪，則會造成沙發後沒有靠牆的風水問題。由於客廳的儲物機能不足，在此做一道櫃架可解決多重問題，與沙發同高的下櫃，既是沙發的靠山，也是儲物櫃；檯面與上方的層板則可擺放較常拿取之物或小型裝飾；沙發也因此與電視調整到更恰當的觀看距離。圖片提供◎齊禾設計

**145**

**147**

**施工細節**｜櫃牆的下櫃深達60公分，成為沙發的靠山，也提供了儲物之用。

**46**

## 146 書房玻璃隔間化解沙發無靠

設計師的自宅本身客廳空間有所侷限，不夠寬敞，因此沙發後方的個人工作室以玻璃作為隔間，令視野感受寬敞，而有需要時也可將窗簾拉起自成私密空間，風水上沙發也因為玻璃隔間有了依靠，化解了沙發無靠的煞氣。圖片提供©于人空間設計

**設計plus**｜大門旁的迷宮書牆是家中設計亮點，除了收納書籍、展示外，更提供貓咪爬上爬下運動玩耍的功用，並在上層貼上美耐板，防止貓咪抓咬且方便清潔。

## 147 用矮牆「玩」美地界定場域

客廳、餐廚區域構成狹長的開放空間，然而，這也導致了分界不明以及沙發無靠的問題。設計師在客、餐廳之間以木作打造一道多功能短牆，界定兩個不同區塊，同時也讓沙發有了靠山。並且設置玻璃展示櫃，賞心悅目的設計也消弭了空間量體的沉重感。圖片提供©拾雅客空間設計

**材質使用**｜牆壁貼覆鐵灰色皮革，與同色系的木地板勾勒出完整的客廳區塊。

玄關、走廊、陽台篇

客廳篇

餐廚篇

更衣間、衛浴篇

臥房篇

書房、其它篇

**沙發無靠煞**

## 148 沙發矮櫃強化收納 也形成人造靠山

原本沙發後有牆，設計師調整格局將隔間牆打掉，但卻落入風水中沙發無靠的不良格局，因此於沙發背後放置一個展示櫃，形成「人造靠山」，符合風水穩重、有靠山之意，亦可作為後方書房收納之用。圖片提供◎伏見設計

**設計plus│**藉由「人造靠山」的聰明設計，化解不良煞型的產生。

149

**沙發無靠煞**

## 149 現成收納櫃隨手解決風水忌諱

沙發背後無靠，空蕩蕩一片，在風水上是散洩之局，難以旺丁旺財，一般會建議沙發需倚牆擺放，或在後方設立收納櫃或長桌。開放式的公共領域，沙發無牆可靠，設計師運用現成傢具櫃放置後方，化解煞氣且為空間做隱形界定，也增加收納的實用功能。圖片提供◎伏見設計

**設計plus│**運用現成傢具櫃放置沙發後方，增加空間內的收納擴展性。

## 150 玻璃隔間化解煞氣，增加視覺景深

寬長的客、餐廳因為屋主有書、客房的需求，如果做成實牆隔間將令空間視覺顯得狹窄，因此沙發背牆後方以玻璃隔間增加景深，化解了沙發無靠的煞氣，並施以折門打造半開放式的空間。圖片提供◎于人空間設計

**150**

**搭配技巧** | 沙發上方施以格柵延伸至餐廳牆面，並在其中鑲嵌崁燈令居家空間更顯現代俐落。

**151**

## 151 設計與風水的完美結合

在現代風格的開放式空間，常有碰觸到風水問題的狀況，此案即有頭頂大樑與沙發無靠等忌諱，設計師將天花加入弧型的包覆修飾，弱化大樑突兀感，搭配嵌燈線條的線性延伸，讓空間尺度更為拉長，並讓書房書桌作為沙發背靠化解煞氣。圖片提供◎築青室內裝修有限公司

**設計plus** | 書房大幅格狀書牆形塑造型端景，對應著客廳鐵灰薄板岩電視牆，構成理性秩序與粗獷自然的趣味對話。

玄關、走廊、陽台篇

客廳篇

餐廚篇

更衣間、衛浴篇

臥房篇

書房、其它篇

搭配技巧│配置低彩度且低橷度的簡約傢具，所有低調、減法設計讓眼前的海灣美景更完整呈現。

## 152 低調設計換取無敵海景

在香港維多利亞港灣旁的無敵海景面前，所有設計都只能退居配角地位、盡量低調，以凸顯眼前這最迷人的海灣景致。為了界定客、餐廳雙區並滿足其收納與置物功能，設計師選擇一座俐落不搶戲的矮櫃在沙發後端蹲著，同時也讓沙發定位更顯安穩厚實。圖片提供◎森境&王俊宏室內設計

## 153 書桌作背、書牆當景的客廳

為成全更大視野，將公共區多處隔間取消，而空間越大其層次安排則越見困難。為了讓各區域能有自己的定位，除了在天地建材上多加著墨以達明確分區外，客廳沙發後端以書桌作靠山、書牆當景致，既有界定空間的效果，同時也能增加沙發區的安定感。圖片提供◎森境&王俊宏室內設計

設計plus│屋主重視舒胸寬心的大窗景，因此將書房作開放設計，讓雙區的落地窗景串聯合映，突顯寬廣視野。

**154**

## 154 開放格局沙發也能坐安穩

由於客、餐廳縱身都不深，因此將兩區採開放隔間設計，也讓落地窗景更完整連貫。但是卻造成沙發無法靠牆的風水考量，同時沙發後方人來人往也易受干擾；為此在沙發後加設矮櫃作為背牆，既區分客、餐廳二區，沙發後方也形成穩靠力量。圖片提供©優士盟整合設計

**搭配技巧** │ 因開放格局，使餐廳視野變得開闊，客廳尺度也放寬，搭配灰黑色調傢具、水泥原色矮櫃及裸露管線的設計，展現工業風的率性。

## 155 寬版沙發，提升客廳穩重感

屋主希望空間的開闊度與視野越寬越好，但考量實際機能需求，加上客廳與餐廳的分區界線，特別將客廳沙發賦予機能性設計，加寬的椅背轉化為置物檯面，下方則可收納物品書籍，也可增加沙發座區的穩重度。圖片提供©森境&王俊宏室內設計

**搭配技巧** │ 營造開闊的視野與空間格局，省略了客、餐廳隔間，相對收納櫃體數量也顯得較少，搭配寬版沙發解決了收納的問題。

玄關、走廊、陽台篇

客廳篇

餐廚篇

更衣間、衛浴篇

臥房篇

書房、其它篇

158

158

**沙發無靠煞**

## 158 背後有靠，步步高升

在挑高房的案件中，原本沙發獨立空懸在客廳處，在風水上形成形成貴人遠離的無靠煞。設計師們運用階梯作成收納櫃體，一階階的拼接出造型牆，不僅美化了空間，也讓沙發有了穩固的依靠。圖片提供◎杰瑪設計

**設計plus**｜拼接出的造型牆，不但美化空間也解決不良風水忌諱。

## 156+157 沙發靠矮牆，多出閱讀區

客廳中有一個大樑，為了避免沙發正對著屋樑下方，造成壓迫的不良風水，將沙發往前擺放，並在後方做一個閱讀區；但為了讓沙發能夠靠牆，穩固氣場靠山，設計師設計一面矮牆，既讓沙發有靠，又做出簡單的開放式隔間。圖片提供©沐果室內設計有限公司

**設計plus** | 一矮牆讓沙發有靠，又多出開放式書房，一舉兩得。

## 159 雕花玻璃牆化解沙發無靠

客廳沙發不能無靠，但實牆既占空間，又阻擋光線。此案設計師為了客廳旁邊的房間能夠有穿透感，所以做了一面雕花玻璃牆面，能讓房間有隱密性，從外面不易看穿，也讓視覺保留了放大延伸的效果。圖片提供©原木工坊

**材質使用** | 用原木與壓花玻璃做成牆面，擁有穿透性與設計感，但又能保有隱密性，可以代替厚重的實體牆面。

159

玄關、走廊、陽台篇

**客廳篇**

餐廚篇

更衣間、衛浴篇

臥房篇

書房、其它篇

**160**

## 160 運用玄關轉換內外氣場

一般於風水學來說門廳不相鄰，因為客廳是較正式的場所，大門與客廳間，中間宜有點區隔設置玄關，做為緩衝。因此設計師設置鞋衣帽櫃，做為整理儀容的地方，主人出門或是客人來訪，都可在玄關處先整理儀容，再進入客廳或是離開；來訪客人亦可在玄關處先熟悉屋內的氣氛，消除緊張與不自在的情緒。圖片提供◎里歐室內設計

**設計plus** | 玄關是大門與客廳的緩衝之處，因為大門是連結內外的門戶，而客廳是充滿家庭氣氛的場域，兩者之間在設計上宜有過渡和緩衝地帶。

## 161+162 尷尬橫樑轉化造型元素

貫穿全屋的橫樑形成煞型，將客廳轉向，雖可避免樑壓沙發，卻讓它將天花一分為二，考慮到屋高有限，故不封住橫樑；再加上古典風講究對稱之美，因此天花僅運用線板來界定場域，讓貫穿全屋的橫樑居中，並刷成與牆面相同的白色以融入整體造型。圖片提供◎齊木設計

**設計plus** | 空間以白色作為代表色，豎立客、餐廳交界的同色系屏風也有效轉移了視覺焦點。

**161**

**162**

**163**

## 163 造型牆面讓屋主圓圓滿滿

屋主本身命格缺「木」必須多接觸五行中的「木」，運勢才會圓滿。設計師以客廳陳設補足，客廳壁面在裝修時，運用樹的意象設計了一座收納櫃，不但能當空間裝飾，無形中也替屋子增添了木氣，讓屋主運勢更有所提升。圖片提供◎鼎爵設計工程

**設計plus** | 根據五行所缺命格，選用適合陳擺，增添好福氣。

## 164 造型牆面巧妙藏壁刀

壁刀煞通常出現於室外陽台，本案客廳中因另有其它隔間，造成視覺上的壁刀煞，設計師以鄉村風十足的造型壁爐，讓視覺有了更多想像空間，自然也淡化了壁刀的存在。圖片提供◎采荷室內設計

**搭配技巧** | 獨立空間造成客廳出現直角壁刀煞，搭配造型壁爐讓氛圍更添圓融。

**164**

玄關、走廊、陽台篇

客廳篇

餐廚篇

更衣間、衛浴篇

臥房篇

書房、其它篇

165

### 穿心煞
## 165+166 斜面天花巧遮交錯的橫樑

前為客廳、後為餐廚的長型公共區，位於中段的玄關上方有三根橫樑交錯，其中一根還直沖大門。設計師在玄關與餐廳交界處做出白色短牆，遮擋一覽無遺的視線，白色天花也從直沖大門的橫樑下方開始延伸、並在客廳左右那兩道灰綠色橫樑之間打造和緩的斜面，直抵窗邊，成功修飾玄關的橫樑，又保留了屋高。圖片提供◎齊禾設計

**施工細節** | 交界處所做的出白色短牆，有效遮擋了一覽無遺的視線，化解煞氣。

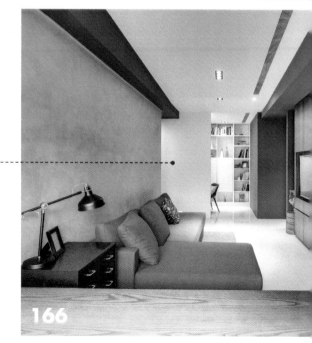

166

# 167+168 沿樑打造多功能的局部天花

屋內橫樑交錯，光是客廳就有兩道深樑垂直交錯，且其中一根恰好通過沙發上方。為了保留屋高，僅用局部天花來遮住橫樑，沙發上方以白色木作天花封住橫樑，並順勢利用橫樑到窗邊的空間埋藏吊隱式空調主機、配置出風口與間接照明。深樑因下方是走道，僅刷成白色降低存在感。圖片提供◎齊禾設計

167

168

**設計plus** ｜ 利用橫樑到窗邊的空間埋藏易見的硬體裝置，讓空間視覺效果化作輕盈表情。

玄關、走廊、陽台篇

客廳篇

餐廚篇

更衣間、衛浴篇

臥房篇

書房、其它篇

**169**

# 169 斜頂造型天花板，擋煞又獨特

進門後看見客廳有一根大樑在客廳正中央，形成風水上所謂的穿心煞，容易讓家中易發生讓人扼腕的事。設計師不想因此做包覆大樑的天花板降低屋子高度，希望保留較大的上下空間感，所以將大樑與牆面之間做出斜頂造型，成為獨特的風格。圖片提供©原木工坊

**施工細節**｜讓大樑支撐客廳上方斜頂天花板，感覺它是整體天花板的一部分，用視覺效果淡化大樑的存在，化解煞型。

## 170 鄉村風天花板讓煞氣無以遁形

客廳電視牆上方有一根大樑，不僅有穿心煞的風水隱憂，白色樑柱體也未經修飾。設計師將整間客廳打造成歐洲鄉村風格，木造斜頂天花板搭配仿古歐式吊燈、仿古紅磚柱體、原木地板，讓人忽視了大樑的存在。圖片提供©原木工坊

**170**

**設計plus**｜原木斜頂天花板打造濃厚歐洲鄉村風情，將「大樑」的形象徹底模糊掉。

**171**

## 171 藏風聚氣的氣派設計

設計師以沉穩的木、石原材為房中主要起居空間—客廳、書房演繹出氣派古典之美，開放空間最易形成的穿堂煞則在半腰火山岩洞石牆、天地壁材質轉換中巧妙化解，明暗切換下藏風聚氣，創造美感與能量相輔相成的好風好水。
圖片提供◎大湖森林設計

**材質使用**｜以半腰石材電視牆取代頂天實牆，讓空間光線、空氣更通透，同時也有寬廣的室內端景。

穿心煞

## 172 全白斜面破解突兀的樑居中

長方格局的住家，一道寬60、深40公分的大樑，從廚房、客廳直抵臥房，將全屋平分成左右兩半形成穿心煞。客、餐廳天花高僅2米多，還有許多消防管線，設計師為保留高度，用矽酸鈣板遮住灑水頭，並透過簡潔造型、刷白手法使之顯得高敞。從樑下拉出斜面連至客廳天花，消弭兩個平面落差所產生的突兀，也再次削弱橫樑居中的不安氛圍。圖片提供◎南邑設計事務所

**設計plus**｜樑下拉出斜面有效消弭天花平面落差所產生的突兀感和不良煞型。

**172**

玄關、走廊、陽台篇

**客廳篇**

餐廚篇

更衣間、衛浴篇

臥房篇

書房、其它篇

173

**穿堂煞**

# 173+174 寫意手法破解格局煞氣

左右兩邊大塊落地窗採光佳且有自然綠蔭美景，然而窗對窗形成穿堂煞，設計師將面西的窗以固定式百葉作處理，可隨心所欲從葉片、門片調整所需要的光與景；另一面則搭配藝術框架，讓窗外綠景映入藝術畫作中，蒙太奇的演繹手法保留了美感更添吉利。圖片提供◎大湖森林設計

**設計plus｜**兩邊落地大窗一邊以固定式木百頁彈性切割內外空間，另一邊則以藝術畫框重新定義窗景。

174

175

176

穿堂煞

## 175+176 格柵端景阻斷煞氣，保留空間通透

為化解開門見廳在風水學中造成的忌諱，又擔心做了玄關牆易阻斷視線讓空間變得狹小，設計師以格柵式屏風取代實體牆面，增加視覺上的開闊感外，半掩蔽的設計方式保留了空間的通透性，不規則的立柱體化解了穿堂煞，也多了生活Freestyle的自在感。圖片提供©奇逸設計

**設計plus│**大門與客廳緊緊相鄰，以格柵式立柱的玄關設計輕鬆化解煞氣，消除穿堂疑慮。

沙發無靠煞

## 177 文化石矮牆，踏實好有靠

沙發背後無靠牆，意即「無依無靠」。女屋主希望整體空間開闊，卻又不希望視覺上顯得雜亂，設計師使用略高於沙發的低背文化石牆，透過文化石強化厚重、踏實感與靠得穩，化解煞型，同時也讓空間上做出了區隔。圖片提供©浩室設計

**材質使用│**利用文化石的厚重感，加強沙發背後有靠，同時區隔書房與客廳。

177

玄關、走廊、陽台篇

**客廳篇**

餐廚篇

更衣間、衛浴篇

臥房篇

書房、其它篇

**178**

## 178 不透光窗簾化解客廳煞氣

前門後窗直接相對無遮蔽，構成難以聚財的客廳煞氣。此案例為狹長型空間，門、窗等對外開口均在一直線上，形成穿堂風格局。但由於玄關空間不足，難以使用傳統做隔屏的方式擋煞，設計師巧妙採用厚重窗簾遮擋，同時解決空間與風水的雙重問題。圖片提供◎陶璽室內設計

**設計plus**｜運用厚重窗簾遮擋，解決無法以傳統做隔屏的方式擋煞。

## 179 端景屏風，創造開運風水

因為兩間打通的格局，客廳於格局的正中央，再加上有一整排的落地窗，入口正對陽台，形成風水上的穿堂煞。針對問題，設計師打造一座L型玄關牆面予以化解，同時也營造視覺端景，並讓空間動線得到更明確的引導。圖片提供◎陶璽室內設計

**179**

**搭配技巧**｜
打造L型玄關牆面化解煞型，有效創造開運風水

**181**

**穿堂煞**

## 180 透過櫃體保留光線阻煞氣

大門入門正對落地窗，構成了穿堂空間。展示櫃同時也是屏風，做為客廳和走道之間的空間區分，利用具有展示性功能的透空櫃體替代牆面，一來可以做為屏風擋煞，另一方面也維持客廳空間的完整度。圖片提供◎陶璽室內設計

**設計plus** | 展示櫃有效發揮展示功能外，保留光線成為空間的界定區分。

**穿堂煞**

## 181+182 機能屏風巧妙化煞

公共場域採取開放空間設計，令視覺感受寬闊舒適，但大門直對落地窗，容易有門對門或是門對窗等穿堂煞的問題，設計師運用機能屏風櫃體屏蔽，也為空間做出界定，讓門口有玄關場域好轉換室內外氣氛。圖片提供◎明代室內設計

**設計plus** | 運用機能屏風櫃體屏蔽，轉換室內外氣氛。

玄關、走廊、陽台篇

**客廳篇**

餐廚篇

更衣間、衛浴篇

臥房篇

書房、其它篇

**183**

## 183+184 用窗邊屏風保持客廳完整

傳統穿堂煞解套多利用屏風，但本案玄關受限格局，為寬度僅有1米的狹長形，因此將屏風位置拉遠到落地窗處，使客廳空間保持完整性，而屏風也具有窗簾收納盒功能。圖片提供◎演拓空間室內設計

**材質使用** | 固定式屏風外框使用鐵件噴漆，兩片強化玻璃夾入有立體感的壓花玻璃，添增質感之美。

**185**

## 185 L型屏風，擋煞又加寬主牆

由於客廳有穿堂煞的問題，加上電視牆寬度也較不足，為此特別結合電視牆造型做出L型的人造石材屏風，將遮擋煞氣與加寬電視牆的問題一併解決。圖片提供◎演拓空間室內設計

**搭配技巧** | 大門一開就正對落地窗，形成無法聚氣的格局，人造石材屏風的搭配巧妙化解問題。

**184**

## 186 憑窗而立的美麗窗屏

打開大門,穿過長廊進入客廳的氣流直接抵達落地窗,形成客廳穿堂煞。一方面要避開俗稱穿堂煞無法聚氣、聚財的格局,同時又需考量客廳沙發旁的動線功能,是否有地方安置屏風,最後在落地窗前加設遮擋窗屏,界定空間。圖片提供◎演拓空間室內設計

**搭配技巧**│美麗的遮擋窗屏,有效化解無法聚氣的煞型隱憂。

**186**

玄關、走廊、陽台篇

**客廳篇**

餐廚篇

更衣間、衛浴篇

臥房篇

書房、其它篇

**187**

## 187 把大自然帶入客廳

此案為相當開闊的空間，大門一進來便能完全看到全家人的生活，屬於不易聚財的穿堂煞。因此設計師在客廳中以木作收納櫃頂天方式置於大門邊增加份量，作為門口屏障存在感極強但又不干擾視覺端景，成功化解煞氣創造客廳好風情。圖片提供©南邑設計事務所

**施工細節** | 木作收納櫃長度僅多出沙發少許，同時半腰處設計半凹作成為小巧展示平台。

## 188 鏤空屏風增加開闊感受且化煞

因為沒有玄關，從大門直見客、餐廳，並且與落地窗相對，設計師以鏤空屏風取代實體牆面或櫃體屏障，除了增加視覺上的開闊感受，也化解了穿堂煞氣。圖片提供©伏見設計

**搭配技巧** | 以鏤空屏風取代實體牆面或櫃體屏障，有效化解穿堂煞。

**穿堂煞**

## 189+190 動隔屏阻絕長驅直入的視線

大門直沖前陽台的落地窗，客廳欠缺屏蔽感，強勁的直向對流空氣形成煞氣。由於走道窄且客、餐廳面積有限，若在當中打造固定物件來擋煞，必會影響出入動線與採光，因此，順著餐廳側牆配置一道黑色的活動隔屏，不僅靈活擋煞，也增添空間視覺焦點。圖片提供◎齊禾設計

**材質使用** | 屏風藉由黑色鐵件框架，鑲嵌半透光的噴砂玻璃打造而成。

玄關、走廊、陽台篇

**客廳篇**

餐廚篇

更衣間、衛浴篇

臥房篇

書房、其它篇

**穿堂煞**

## 193 移動拉門阻擋煞氣

進門即是落地窗，喪失聚氣效果，並因室內氣場不穩，容易
造成人性格急躁、漏財情形。一般針對穿堂煞，設計師多會
採用屏風或是櫃體阻擋漏財煞氣，但此案設計師則是運用素
色門片作於落地窗遮擋，也不失一種方式。圖片提供◎里歐室內設
計

**193**

**材質使用**｜選擇不透風的隔屏，或是窗簾，也可以在解決穿堂煞的
狀況下考慮使用。

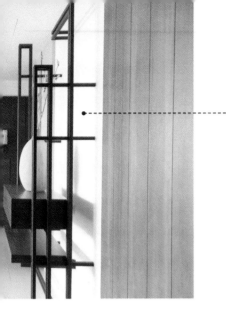

穿堂煞

## 191+192 鐵件懸空屏風，阻卻煞氣展俐落

因為坪數不夠大而採開放式格局設計，卻造成門與落地窗相對，形成穿堂煞氣。因為被視為漏財煞氣，此案設計師結合風水概念運用鐵件懸空屏風做遮擋，既與房內設計連結並也達到破解之效。圖片提供◎里歐室內設計

**材質使用**｜鐵件的懸空屏風，讓居家風格更顯俐落大方。

穿堂煞

## 194 溫潤木質展示櫃 阻隔開門見窗

客廳運用大面開窗引入明亮光線，並藉著百葉窗篩落，創造豐富多變的光影層次，搭襯繽紛多樣的傢具軟件，勾勒出舒適慵懶的北歐氛圍，同時運用透空展示櫃的打造，在界定範圍之餘，也讓光線可自由穿越，串聯起場域之間的視線關係。圖片提供◎法蘭德室內設計

**材質使用**｜界定空間的展示櫃，大量採用木質素材，凝聚溫潤質感，並且也阻隔開門見窗的視線，化解風水忌諱。

玄關、走廊、陽台篇

**客廳篇**

餐廚篇

更衣間、衛浴篇

臥房篇

書房、其它篇

**破財煞**

## 195 半穿透屏風兼顧風水與美感

大宅的客、餐廳與書房構成寬敞的起居空間，然而，一打開大門，視線卻會看穿整個客廳。在客廳前方設屏風，並選用屋主喜愛的深色木質，但如此一來，隔屏若直接做滿就會顯得沉重，經過結構計算，屏風中央採用鐵件加木塊的方式打造半穿透造型，視覺更顯輕盈。圖片提供◎拾雅客空間設計

195

**設計plus｜** 屏風中央的木塊以傳統卡榫結合鐵件的手法，營造出精緻質感。

197

**破財煞**

## 196 可轉式屏風解決破財煞

為了有更寬敞的客、餐廳，先將房間牆拆除，使客廳移至屋中央，但也變成一入門便直接看到客廳沙發，為此設計師特別以一扇與書房共用的可旋轉屏門來遮擋入門的破財煞，同時滿足了玄關與書房的遮蔽需求。圖片提供◎演拓空間室內設計

**搭配技巧｜** 開放隔間後，導致大門一開就會見到整個敞開的客、餐廳，增加旋轉屏風門化解不良風水。

196

破財煞

## 197 霧面屏風界定空間層次

客廳雖然相當方正，但因無玄關而形成入門即看穿客廳的破財煞。考量客廳需有層次遞進的格局以避免突兀感，因此，在入門區以地板區隔出走道，搭配牆面鏡櫃與半穿透屏風來界定玄關，同時也化解不易聚財的大門格局。圖片提供©演拓空間室內設計

**搭配技巧** | 使用牆面鏡櫃與半穿透屏風來界定玄關，打造空間層次。

198

穿堂煞

## 198 窗前擺臥塌，扭轉壞風水

一入門就會看到大面窗，風水上屬於穿堂煞，象徵漏財。風水中很避諱入門見窗，通常會在玄關處來規避這樣的不良風水，不過如果房子本身格局無法安置玄關空間，也可以在窗戶前擺臥塌，並在一旁安置收納櫃，吸引視覺注意，就能避開煞氣。圖片提供©鼎爵設計工程

**設計plus** | 臥榻與櫃體的選用，吸引視覺也成功化煞。

玄關、走廊、陽台篇

客廳篇

餐廚篇

更衣間、衛浴篇

臥房篇

書房、其它篇

199

## 199 莫內意象增添文昌福運

設計師將客廳、廚房與餐廳一氣呵成打造無阻隔的開放空間，選用莫內筆下荷花池綠色石材中島與窗外綠蔭相呼應，帶來能助旺學業、事業的文昌運。另外沙發上原有大樑形成樑壓煞氣，在不同層次的天花巧飾下同樣化解，反成為空間中的獨特藝術。圖片提供◎大湖森林設計

**設計plus** │ 沙發上方橫樑旁以方形環狀天花設計，帶出照明與立體端景，同時隱化原本大樑。

## 200 樑柱變身，沙發有靠牆

客廳沙發本無靠且有大樑橫跨，設計師將極寬的樑柱輔以木質牆面，讓空間更具整體性，同時使沙發有靠。另外最具巧思之處，是透過沙發背牆的樑柱空間，間隔出具有隱密性的書房，空間得以被善用，同時避開煞氣，一舉兩得。圖片提供◎一水一木設計

200

**設計plus** │ 大樑橫跨，設計師將極寬的樑柱變身沙發背牆，解決煞型；再以沙發背牆的樑柱空間，間隔出隱密十足的書房。

202

201

## 201+202 電視牆造就廳堂內外層次

此案原本因缺少玄關，造成開門即望見客廳的格局，不僅易使賓主雙方都感覺突兀，出入時也會造成儀容整裝或收納上的不便。設計師將客廳格局略微縮移，讓出大門與客廳之間的穿堂空間，搭配上端鐵件鏤空的石材電視牆設計，讓開門入內的視線不至於一下子將客廳看穿透，使廳堂之間更有層次感。圖片提供◎森境&王俊宏室內設計

**設計plus |** 電視牆面臨大門一端強化收納櫃與端景設計，更達到完整玄關的需求。

玄關、走廊、陽台篇

客廳篇

餐廚篇

更衣間、衛浴篇

臥房篇

書房、其它篇

203

205

## 205 天花變化創造吉運

沙發上方原有主樑垂直切過，形成樑壓煞氣，設計師將沙發區域上方天花板作出深度，包覆大樑結構；過道區域則以歐式假樑釋放出上方空間，同時埋進嵌燈作為照明，隨著不同場域有不同層次的天花變化，削減了樑壓壞風水。圖片提供©采荷室內設計

**設計plus** | 天花的立體變化改變原本大樑的沉重壓力，並以不同地域位置和層次假樑，顯現空間的活潑多樣。

## 203+204 簡俐線條化解樑壓煞氣

中大型宅邸中，沙發天花板正上方剛好有大樑橫跨，長待久坐易有頭昏腦脹等不良影響，為化解大樑破腦的風水煞氣，同時不增加繁複線條，設計師以斜體立面修飾銳立直角，並增加光帶溝槽展現空間大器之美。圖片提供 ©奇逸設計

**204**

**施工細節** | 與其犧牲空間高度包覆大樑，設計師直接以斜面修掉高底差，也開創天花板的時尚風格。

## 206 造型天花避開樑壓

客廳沙發位置上方有主結構樑無法打掉，但若移動沙發位置又會影響居家動線。在屋主要求動線流暢且擁有開闊舒適的空間下，設計師不移動沙發位置，而是以造型天花板覆蓋橫樑，解決樑壓沙發的風水問題，同時也利用天花板做間接照明營造氣氛。圖片提供©陶璽室內設計

**施工細節** | 主結構樑無法打掉，改設以造型天花板作為覆蓋，解決樑壓沙發的不良風水。

**206**

玄關、走廊、陽台篇

**客廳篇**

餐廚篇

更衣間、衛浴篇

臥房篇

書房、其它篇

**207**

破腦煞 沙發無靠煞

## 207 巧用客廳樑壓做隱形界定

客廳與書房的分際有根大樑,設計師在樑下以玻璃做隔間拓展空間視野,在風水方面不僅化解樑壓破腦煞的問題,也解決沙發無靠的煞氣,另外窗簾盒也與大樑抓出同樣天際,為空間做隱形界定。圖片提供◎于人空間設計

**搭配技巧**｜沙發背牆漆上綠色與地毯互相呼應,也為客廳空間帶來大自然的青草氣味。

破腦煞

## 208 天花折紙飛機化樑煞氣

因為沙發位置上方有根大樑,犯了風水中的大忌,以科學的角度來分析,樑的形狀容易產生壓迫感,對長期坐在沙發上的人易造成壓力,設計師運用折板天花有如折紙飛機般遮蔽大樑,不只極具風格也化解風水問題。圖片提供◎築青室內裝修有限公司

**施工細節**｜一般常見包樑會運用降低天花手法來呈現,反而令樓高太低更顯壓迫,折板天花解決此問題並更顯有型有款。

**209**

## 209 多層次天花板，化煞有秘訣

客廳連接臥房的上方天花板有支超級大樑，帶來樑壓的頭痛風水，空間也備受壓迫。因為樑的存在感實在太強，無論用裝潢包覆或隱入天花板，都會讓空間變得狹小且視覺壓迫，設計師以多層次方式製造天花板的高低差，納入空調線路同時加上間接燈光，整體設計與電視牆稜線搭配得天衣無縫。圖片提供◎南邑設計事務所

**設計plus**｜天花板以多層次設計製造高低差，並納入電視牆稜線作思考。

## 210 降板包樑，呈現格局簡約美

因建築結構的需求，在沙發與電視牆之間的天花板上有一根結構大樑。為了改善大樑的突兀感，設計師直接以木作在天花板做降板設計來覆蓋大樑，並將空調與管線收藏其內。圖片提供◎演拓空間室內設計

**設計plus**｜在天花板前後露出原有屋高，搭配間接光源設計避免空間的壓迫感

**210**

玄關、走廊、陽台篇

客廳篇

餐廚篇

更衣間、衛浴篇

臥房篇

書房、其它篇

211

213

**破腦煞**

## 213 化解大樑，留住屋高

原屋況因屋樑多且低，加上通風與採光都不佳，讓格局陰暗不舒適。若以封板設計遮掩天花板上雜亂且多的屋樑，恐會導致屋高過低的問題，因此，設計師整合機能與格局，保留了屋高，再將客廳沙發與廚房工作區安排在樑下，減少低量帶來的不適感。圖片提供◎森境＆王俊宏室內設計

**施工細節**｜將部分隔間拆除，並成功整合大樑，換得明快空間感；且搭配藝術家的畫作讓焦點被聚集在裝飾牆上。

## 211+212 幾何天花增添視覺焦點化解煞氣

透天厝因為樓梯轉角平台突出，形成令人感到壓迫的樑柱，設計師以折板天花包覆延伸至電視牆面，與銀狐大理石及黑玻拉門打造黑與白的時尚氣氛，並化解樑壓的風水忌諱。圖片提供©築青室內裝修有限公司

212

**材質使用** | 折板天花與銀狐大理石電視牆面打造空間時尚氛圍，並以木皮牆面給予居家溫潤感受。

## 214 延伸木色塊緩和大樑壓迫

將各區定位後，仍難以避開空間先天結構上的巨大樑線，由客廳持續延伸至餐廳以及臥榻、窗邊，設計師除了運用天花板轉折向牆面蔓延的木皮，消弭了橫跨的大樑及壓迫感，同時向窗邊直奔的木色塊設計也讓視覺延伸，與窗外湖景相接。圖片提供©森境&王俊宏室內設計

**設計plus** | 配合採光、座向以及窗外的景致，讓客廳與餐廳規劃在同一軸線上，不但空間的面寬加倍，餐廳區也能坐擁窗外湖岸景色。

214

玄關、走廊、陽台篇

客廳篇

餐廚篇

更衣間、衛浴篇

臥房篇

書房、其它篇

**215**

**216**

**對門煞**

## 215+216 以自然紋理隱沒煞氣

電視牆的延伸讓視線得到最大化的延展，而電視牆的另一側
原為房間，房門打開直對沙發，形成易造成衝突的對門煞。
設計師採用自然禪風的竹節木紋刻劃客廳意象，房門亦同樣
更換門板，讓與牆面一致的表現手法弱化門片的存在感，化
解衝煞之氣。圖片提供◎奇逸設計

**設計plus**｜隱藏門的設計包住了房間的存在感，同時一氣呵成的牆
面也形塑出氣派沉穩的大器風格。

破腦煞

## 217 圓弧收樑,化繁為簡

本案樑貫穿客、餐廳,樑壓於頭頂,容易造成壓迫感,使心神不寧,運勢受阻。屋主在設計偏好上有明確的想法,不喜銳利與間接光源的繁複、喜歡簡約,設計師用圓弧收樑使樑像是天花板的延伸,柔和視覺。圖片提供◎德本迪國際設計

**設計細節** | 透過圓弧收樑的手法,修飾並化解銳利樑角。

破腦煞

## 218 木牆轉折造型模糊大樑印象

客廳電視牆上方與左右可以見到各有樑柱盤據,使電視牆的尺寸受到限縮,也顯現出侷促感。為徹底化解問題,保留此中古屋屋高,設計師將電視牆以直向木紋的木色調設計持續向大樑及天花板、地板蔓延,使視覺獲得延伸、進而緩減大樑壓迫感。圖片提供◎森墾&王俊宏室內設計

**施工細節** | 捨棄由大樑低點作為天花板封板設計的基準,運用天花板與各區的格局規劃,呈現層次高低卻不失凌亂的畫面

**218**

玄關、走廊、陽台篇

客廳篇

餐廚篇

更衣間、衛浴篇

臥房篇

書房、其它篇

**喧賓奪主的煞氣**

## 219 打破風水限制，
## 用風格營造福氣格局

小坪數格局受限場域不夠寬廣，往往易有臥房大於客廳的困擾，風水上易產生主人孤傲、難有貴人的煞氣。設計師將客廳與主臥的牆面內縮，沙發背牆以文化石為基底作為視覺端景，設計內凹且附有照明的展示台，讓牆面減輕厚重感，營造獨特風格。圖片提供◎南邑設計事務所

**設計plus**｜附有照明的展示台能降低牆面壓迫感，順勢化解室內煞氣。

219

220

**入門見廁**

## 220 隱藏門片遮蔽廁所

風水有很多流派，屬於科學風水的説法是居住者住起來舒適的，就是好風水。屋主因為不喜歡在客廳內看到廁所門，因此客廳內所有的門片都做隱藏設計，空間在視覺上看起來也比較整齊，且心裡頭也舒服了。圖片提供◎奇逸設計

**設計plus**｜一般人對廁所空間觀感不佳，因此做隱藏門效果紓緩不適感。

## 221 整理天花管線化解蜈蚣煞氣

30年老屋前身為出租辦公室，由於商辦空間與居住需求截然不同，因此設計師必須重新規劃餐廳、廚房位置與管線，並拆除原有三隔間改為兩房，藉此達到各空間放大目的；室內以美式工業風格為主軸，天花以裸露管路搭配軌道照明，整體色調更以藍黑油漆塗刷壁面，充分彰顯個性氣息。圖片提供◎法蘭德室內設計

221

**施工細節** | 風水中忌諱天花管線外露，但在工業風的裝修中，管線外漏常是表現重點，因此可利用管線在牆面或天花板拉出線條造型，避免雜亂與尖銳突出就能避免氣場與磁場的混亂。

## 222 中式拉門轉移廁所門尷尬

由於屋主有藝品收藏，因此特別量身訂造一間休閒室，除了古玩、茶壺的展示牆，大量原木建材營造出獨有的古樸氛圍，但休閒室正對著衛浴間門口，大煞風景，風水上也有所顧忌，為此特別增設對開拉門來遮蔽。圖片提供◎優士盟整合設計

**設計plus** | 設計師以東方圖案的幾何分割做設計，搭配玻璃變化出具遮蔽效果，但又能透光的拉門隔屏。

222

玄關、走廊、陽台篇

**客廳篇**

餐廚篇

更衣間、衛浴篇

臥房篇

書房、其它篇

**223**

## 223 玻璃收納櫃化解梯下煞氣

格局瑣碎的25坪住宅，透過挪動樓梯位置，讓公共廳區擁有充沛的採光之外，樓梯旁也接續著電視主牆的設計，除了貼飾文化石，更利用玻璃門片設計規劃為儲藏收納櫃，活化立面的表情，也創造出暗藏另一房的趣味錯覺。圖片提供◎陶璽空間設計

**施工細節** | 樓梯踏階延伸規劃為休憩臥榻，充分發揮小坪數的使用效益。

## 224 低彩消弭衝突助旺事業

大面窗景捕捉了充足明亮的採光，窗邊以具收納機能的臥榻取代沙發，杜絕沙發靠窗犯小人的隱憂。其次軟件傢飾多以低彩度、低明度的配色，與主牆的灰階色調相對應，帶出沈穩樸質的安詳靜好的適切生活質調。圖片提供◎明代室內設計

**224**

**搭配技巧** | 窗下以具收納機能的臥榻取代沙發，平時作收納空間，亦可坐臥，具備多機能，避開原本位置可能帶來的靠窗煞。

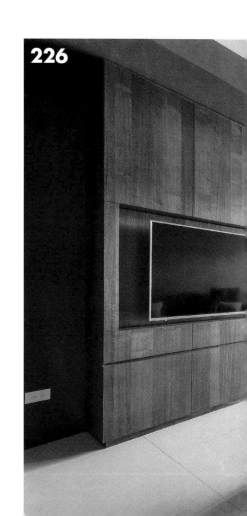

**226**

## 225 引進滿室好風好水

封閉牆壁遮蔽了好氣場的流動。原本的屋子並沒有大面窗，且水泥牆壁窗戶狹隘，浪費了眼前一片大好風光；風水很講究氣場，引進日光、綠意，象徵把好氣場帶入室內，才會有好的氣流流盪在室內。圖片提供◎鼎爵設計工程

**設計plus** | 引進日光、綠意才能讓好氣場串流於居家各處。

225

## 226+227 窗邊大桌妙用多，輕省化煞不礙事

高層住宅的客廳雖擁有美麗窗景，卻因為格局窄長而容易導致沙發靠窗的問題。將沙發與電視牆分別拉入室內1至2米，並在窗邊擺設大桌供屋主閱讀、進餐或賞景，同時化解了沙發緊靠窗戶的忌諱。圖片提供◎齊禾設計

**設計plus** | 大片玻璃窗加設風琴簾，可調整遮蔽部位擋住外界看穿室內的視線，也能坐在窗邊眺望美景。

227

玄關、走廊、陽台篇

**客廳篇**

餐廚篇

更衣間、衛浴篇

臥房篇

書房、其它篇

**斜角煞**

## 228 入門45度明財位搞定，財源廣進

本案為企業家的後代，對居家風水甚為講究，此案入門45度的正財位處呈現財位見空，設計師與風水老師充分溝通後，兼顧整體空間的協調性與氣場，設計師保留1米的寬度植入大型植栽，以樹的靜，使財氣得以充分凝聚。圖片提供◎洛宰設計

**搭配技巧** | 入門45度處為家中明財位，最好保持「靜」的氣場，不要有太多氣流干擾。設計師用大型植栽鎮住氣場，聚財氣。

**228**

**229**

**230**

**無前陽台**

## 229+230 前陽台讓前途一片光明，工作運加分

前陽台代表者屋主的未來前途，本案無前陽台，設計師透過木材質加高形成檯面，色系與地板屬性相當，因此空間整體感不相違和；融合窗戶、陽光、植栽與休閒區等元素，創造出室內陽台的感覺，象徵著屋主前途一片光明、舒適。圖片提供◎洛宰設計

**設計plus** | 利用木材質加高，與地面形成高低差，宛如檯面，將窗戶、陽光、植栽、休憩四大元素合一，營造陽台的氛圍。

## 231 隔屏櫃體相結合，沙發有依靠

本案因沙發擺放的格局限制而無法有靠，形成無靠煞，居者容易缺乏安定感。設計師運用大理石隔屏結合櫃體，一則滿足客戶辦公環境的需求，二來與原本無靠的沙發相結合，成為多功能用途區域，空間利用的巧思十足。圖片提供©芬格空間設計事務所

**搭配技巧**｜用大理石隔屏結合櫃體，滿足客戶辦公環境的需求，也與原本無靠的沙發結合，化解煞型影響。

## 232 層次感天花，包覆顯優雅

原屋的天花板突出不平整，有庄頭煞的疑慮，易影響思慮，干擾氣氛。設計師運用層次感的天花板設計將其包覆平整，呈現優雅。透過大面積落地窗引光入室，加上間接投射光源與帶有鏡面的沙發背牆，將室內空間打亮，整體視野更為開闊。圖片提供©芬格空間設計事務所

**施工細節**｜用層次感的天花板設計將原本有許多突出物的天花包覆平整，呈現優雅簡約的質感。

### 233.水火煞

廚房中瓦斯爐與水槽緊臨，或相距未超過45～60公分，就形成水剋火煞氣風水，以科學風水的觀點來看，用火煮食時一旁水槽若水花飛濺，勢必影響火候，連帶影響食物料理。此外，瓦斯爐與水槽相對亦有相同煞氣。插畫©黑羊

**化解法**

瓦斯爐與水槽位置調整，距離至少超過45公分以上才可化解。

---

Chapter **3** 餐廚篇 **煞型衝突**

---

### 234.冰火煞

瓦斯爐屬性為火，冰箱和水槽相同，屬性同屬水，冰箱與瓦斯爐亦有水剋火的相沖格局，兩兩相對或緊鄰，都會致使家人健康上出現狀況，其中尤以腸胃最為嚴重。插畫©黑羊

**化解法**

廚房中應以瓦斯爐→流理台→水槽→冰箱如此排列，才能完全避免水剋火的煞氣。

# × 修飾調整

### 235.撞門煞

廚房房門與瓦斯爐對沖，或廚房門與冰箱對沖，都通稱為「撞門煞」，來自廚房門的氣流遇爐灶，造成火候不穩、瓦斯外露，易引發火災意外，冰箱沖門則易使食物腐敗造成腸胃病況。插畫©張小倫

> **化解法**
> 加裝門簾遮蔽氣流，或是移動冰箱、瓦斯爐的位置，避開撞門煞。

### 236.廚風煞

與撞門煞有異曲同工之妙，因窗戶同樣帶有氣流，廚房中窗戶下若為瓦斯爐，就易形成火候不穩定的廚風煞，易造成家人腸胃上的毛病，爐灶亦有小財庫之稱，若與窗相鄰，則財氣四散不易聚財。插畫©張小倫

> **化解法**
> 廚房中的窗若能與水槽相鄰，就能造就煮食的好心情，可改將水槽置於此處，或直接封窗。

**237**

**238**

**撞門煞**

## 237+238 雙面餐櫃同時也屏蔽了灶位

小廚房採開放式設計以舒展空間，但由於角度的關係，坐在客廳沙發就會直接看到爐灶，導致撞門煞。此案在廚房與餐桌之間配置中島，擴充料理台的面積，也可充當便餐台。中島一端則為落地層架，在外側是展示櫃，裡側則是電器櫃，櫃體同時也遮住位於後方靠牆處的爐灶。圖片提供◎亞維設計

**設計plus**｜配置中島的好處，一方面可擴充料理台，一方面也有擋煞的實務功用。

撞門煞

## 239 利用造型牆與格子門遮擋灶位

此案的小廚房空間不足，所以將用餐區外移到與客廳交界處之後，但發現從客廳就可直望到廚房的爐灶。設計師在廚房與餐廳之間、接近流理台的這側增設一道木作短牆與格子門，就能有效地遮擋外界窺探廚房的視線。圖片提供©亞維設計

**材質使用** | 短牆貼上白磚紋樣的文化石，加設復古壁燈，與復古風的霧面玻璃格子門等元素強化整體的鄉村氛圍。

239

---

水火煞

## 240 淨白帶動火土相生好格局

廚房屬火，最適合白色與大地色系的搭配，能帶來火土相生、旺家運的風水。設計師以大理石中島白、灰自然紋理調整白色過冷的視覺感受，且不減室內明亮；爐灶與水槽刻意隔開，也避免了水火煞的衝突，能帶旺全家健康運與財運。圖片提供©大湖森林設計

**設計plus** | 白色大理石平台淨白不呆板，與屬火的廚房格局相應；火爐與水槽不相鄰的安排破除煞型困擾，動線也依然順暢。

240

**241**

**水火煞**

## 241 鄉村屏風製造吉祥緩衝

原本廁所與廚房緊緊相鄰的格局，形成水火煞，在設計師的巧思之下，將廁所的洗手區獨立於外，並配合全室鄉村風格打造石材屏風，中央挖空的橢圓造型設計，讓屏風雖有阻隔卻不會阻擋光線，緩衝空間拉開廚廁距離，生活更安心。圖片提供◎采荷室內設計

**設計plus** | 斜移房門遮蔽煞氣，穩固好氣場。

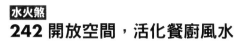

**水火煞**

## 242 開放空間，活化餐廚風水

原本格局中廚房的爐灶與流理台皆位於一字型櫥櫃上，不僅產生廚房中的水火煞忌諱，面對窗戶更使爐灶難以集中，有財富不聚的象徵，設計師將餐廳與廚房整合，形成開放空間，並將爐灶靠牆，一方面解決原本烹調時油煙四散的問題，更連帶化解了廚房空間的煞氣。圖片提供◎采荷室內設計

**搭配技巧** | 將空間整合為開放空間，並重新配置爐灶擺設，化解煞氣。

**242**

**243**

**水火煞**

## 243+244 擴大廚具尺度避開水火煞

原有廚房空間略小，考量屋主夫婦有宴客的需求，將廚房隔間拆除，並以中島結合餐桌的形式，拉大的L型廚具讓瓦斯爐與水槽各據一方，避免形成水剋火煞氣的風水問題，同時也讓料理空間更為寬敞舒適。圖片提供©陶璽空間設計

**搭配技巧** | 選用簡約線板勾勒的廚具門板，結合藍白配色的純色磁磚、花磚與碎花磚做搭配，形塑柔和粉嫩的鄉村風調性。

**244**

玄關、走廊、陽台篇

客廳篇

餐廚篇

更衣間、衛浴篇

臥房篇

書房、其它篇

**水火煞**

## 245 水火保持距離健康滿分

原本爐具與水龍頭相連,廚房在風水學上,掌管全家人的身體健康,影響女主人懷孕、小孩發育情形,應讓水、火和平共存,避免衝突。因此設計師在做整個廚具規劃時,將水槽與爐灶錯開,並考慮到動線活動,將冰箱設置在水槽對面,使用便利。圖片提供©馥閣設計

**施工細節** | 廚房最重要的位置是瓦斯爐,瓦斯爐應避免與水龍頭相對、水槽相鄰,與水龍頭應有30公分以上距離。

**245**

**水火煞**

## 246 幸福直角化解水火煞

廚具的配置水火相鄰,瓦斯爐的火氣與水槽的水氣相衝。設計師在重新配置廚具時將水槽與瓦斯爐以直角方式避開,此外餐廚具設計時,火爐也不可面對水槽、冰箱,或是緊鄰水槽,最好在兩者間留工作台作為緩衝,增加居家安全。圖片提供©馥閣設計

**施工細節** | 瓦斯爐也不宜置於水塔下方,因為水會滅火,象徵不能聚財。

**246**

247

248

249

水火煞

## 247 化解兩者相剋的「水火煞」

設計師將水槽與瓦斯爐分別設置在相隔超出60公分的區域，化解了在風水中因水槽與瓦斯爐緊鄰，而造成水火相剋的煞氣。爐灶同時也避開了窗戶，更增安全，中島設計不僅方便擺盤運用，更讓此處有了遮擋，創造完美的納財空間。圖片提供◎寬澤室內裝修設計

**施工細節** | 廚房中水火相忌的風水隱憂要特別避免，水槽與瓦斯爐分相隔超出60公分，並且有效避開窗戶。

水火煞

## 248+249 精緻拉門巧遮大冰箱

二字形廚房雖經過格局重整，瓦斯爐得以與水槽相距45公分以上，卻無法避開對面就是冰箱的問題。廚房受限於面積與格局，冰箱只能擺在瓦斯爐對面寬120公分的凹洞裡。設計師在此利用多餘空間打造儲物櫃，外側再用拉門來遮蔽，化解了冰箱對沖爐灶的忌諱。圖片提供◎齊禾設計

**設計plus** | 拉門遮蔽化煞，精緻的木作門呼應了日式居家的清爽美感。

### 穿堂煞

## 250+251 寬30公分徹底遮後門

透天別墅1樓以玻璃格子門界定客廳與餐廚，雖然居中有個樓梯間，但一進大門仍可直接望見廚房的後門，形成穿堂煞。設計師沿著樓梯間在客廳增設一座落地櫃化解不安風水，上方為橡木染灰背襯明鏡的層架，嵌燈打亮屋主的模型收藏，下方帶有白色門片的儲物櫃則強化了客廳的收納機能。圖片提供◎南邑設計事務所

**施工細節**｜落地櫃櫃體寬度刻意多做30公分以徹底遮住後門，也順勢隱藏上樓的入口。

**252**

**253**

## 252+253 魔術推滑門，讓廚房財庫不外露

為釋放空間尺度，設計師將餐廚區規劃為開放式廚房，然而敞開的廚房位置面對了客廳的落地窗，引起財庫外露、錢財外流的顧慮，因此在爐灶區前設計一道牆面遮蔽，滑推門的設立不只避免油煙擴散，也有加強遮蔽廚房的效果。圖片提供◎杰瑪設計

**設計plus** | 廚房對應到對外落地窗，有財庫露白導致散財的疑慮，增加滑推門設計讓空間能更彈性使用。

**材質使用** | 玻璃磚材質讓光線能直接透入客廳，增加室內照明度。

**254**

## 254 半開放廚房防止財庫外露

廚房位置遮住居家唯一光源，而穿透式的廚房又正對門口，有財富失散的顧慮。廚房的位置擋在房子的單面採光之前，為了讓獨立廚房遮擋陽光，改以半獨立式規劃，加上玻璃磚的運用，好讓光線能透入客廳。圖片提供◎杰瑪設計

破腦煞
## 255 樑下由暗轉明巧妙化煞

無可避免的大樑橫越，造成燈光昏暗。既是餐桌，也是閱讀書桌的此處，具備了複合式的居家生活功能，設計師樑下增加了照明，以柔和光照填補樑下陰暗，並以櫃體支撐，削弱了樑壓煞氣，也讓此處有了更好的空間劃分。圖片提供 ©于人空間設計

**設計plus｜** 樑下增了照明，填補樑下陰暗，巧妙化煞。

255

## 256 高低差與圓弧造型化解大樑壓迫感

入口大樑橫跨客餐廳，形成所謂的破腦煞，讓人感覺空間具有壓迫感受。設計師在面對連接客、餐廳的大樑，運用高低差修飾斜面，降低柱體的銳角並讓其延伸，讓人在空間中覺得舒適。而在餐廳部分，樑的圓弧設計轉化原本的方正感受令空間多變化。
圖片提供◎馥閣設計

**施工細節** | 天花板運用高低差修飾斜面，能降低柱體的銳角因此降低壓迫感。

## 257 開放式層板櫃化解煞氣

入口大樑橫跨客餐廳，形成所謂一進門就是客廳或餐桌，是俗稱的破財煞。是講求開放式設計的北歐風格常會遇到的問題，這時運用開放式層板櫃作為玄關和客廳中間的緩衝，化解煞氣外，也能保留光線及空氣的流動。圖片提供◎禾光室內裝修設計

**設計plus** | 層板櫃也可以擺上心愛的收藏物品，成為居家環境中另一處賞心風景。

**開門見灶**

## 258+259 旋轉櫃靈活化煞

老舊社區大樓的廚房原本在陽台，重新
規劃後必須將廚房移入室內，為了解決
正對玄關的問題，利用可旋轉的鞋櫃來
遮蔽，化解開門見灶的疑慮。另外旋轉
鞋櫃具有靈活性，在搬運大型傢具或是
多人聚會時，則可以敞開增加動線空
間。圖片提供◎演拓空間室內設計

**材質使用** ｜ 天花板使用茶玻材質，目的在
處理餐廳過樑的降板時，可讓僅有2.2米的
樑下高度不致感覺壓迫。

258

259

**搭配技巧**｜巧妙挪移冰箱位置，改變煞型影響且增設公共領域的使用範圍。

### 開門見灶

## 260 擺設冰箱阻煞氣一舉數得

為了讓空間格局更為開闊而採開放式設計，但卻因此減少了玄關空間，並且一進門就看到瓦斯爐，設計師運用冰箱的置放，阻卻開門見灶的問題，並為門口做出了玄關場域，一舉兩得。圖片提供◎明代室內設計

**260**

**261**

### 撞門煞

## 261 高低差異為財位增添保障

餐廚在陽宅風水中象徵財位，而開放式的餐廚區域無疑有財氣外露的風險，煮食核心區域不宜面對門、窗。此案中島高於料理平檯，形成內外最佳屏障，餐桌和吧檯以檯面的連續轉折，營造動態美感，不僅具生活品味，無形中也化解撞門煞氣。圖片提供◎奇逸設計

**搭配技巧**｜開放式餐廚區域中，架高的中島往往是撞門煞最佳解方，也讓煮食多了隱蔽性與安全感。

設計plus｜將公共區多處隔間拆除，順勢規劃為開放式餐廚區，讓光線可順利進入客廳。

### 262 裝飾牆櫃遮蔽廚灶外露

先將隔間拆撤，再依屋主需求規劃大餐桌與吧檯區；其次，利用大樑下方規劃爐灶、水槽及工作檯面工作區，而兩側藉由加深的餐櫃作遮蔽，避免雜亂的廚房工作區外露，並在面向客廳處以掛畫裝飾，淡化廚房印象。圖片提供◎森境＆王俊宏室內設計

263

### 263 俐落屏風遮擋廚房煞氣

屋主雖然喜歡開放格局的寬敞視野，但考量空間要有層次感，且要避免畫面太凌亂，而在客廳沙發後與水槽之間安排局部屏風做遮擋，阻隔了廚房的工作檯面，內側靠牆的爐台鑊氣也因此不外露。圖片提供◎演拓空間室內設計

**設計plus**｜餐廚區採開放格局，讓爐具與工作檯面全都一覽無遺地外露於客廳，採用俐落屏風遮擋。

**264**

開門見灶

## 264+265 屏風遮蔽，界線分明

原本開放式餐廳區在臨窗處遇有大樑矗立，加上餐桌局部對到大門，形成用餐空間的不安定氛圍。將大樑以流線造型作設計，避免大樑與天花板之間的落差形成銳利角度，並搭配曲線與材質變化做出現代造型感。並在餐桌右區與大門之間以不等寬的兩扇白色屏風做區隔遮蔽。圖片提供◎森境＆王俊宏室內設計

**設計plus** ｜ 遮蔽的屏風間留有穿透視線，增加空間的互動性與順暢交流。

**265**

**266**

開門見灶

## 266 活動滑門阻絕廚房油煙且化風水禁忌

半開放式的客餐廳區，以活動灰玻拉門作區隔，反射的鏡面設計使視覺更具遼闊感，並可作為餐廳屏風，阻擋一入門就看到廚房的開門見灶的風水煞氣，活動隔間的設計也能阻擋油煙四溢家中角落。圖片提供◎築青室內裝修有限公司

**搭配技巧** ｜ 公共空間以淺色的大地色系混搭自然木材質，為居家空間注入一股暖流。

玄關、走廊、陽台篇

客廳篇

**餐廚篇**

更衣間、衛浴篇

臥房篇

書房、其它篇

**267**

**開門見灶**

## 267 廚房打造絕佳海景視野，舒適且寬心

為讓全球知名的香港維多利亞港灣美景一覽無遺，設計師除了將客、餐廳作開放格局規劃外，將廚房隔間也一併打開，改以中島吧檯取代；但一般人顧忌的爐灶外露問題，所以事先規劃在吧檯側翼，搭配短牆遮蔽且可降低雜亂感受。圖片提供◎森境&王俊宏室內設計

**施工細節**｜廚房隔間打開的同時，需特別考量廚房內爐灶與顯亂的問題。

**268**

**269**

**對門煞**

## 268+269 化解餐廳後方煞氣

在穿越客、餐廳的走道兩側分別有對門而立的二間房，形成對門煞，居家易有口舌紛爭，若不易改變座向，可利用設計手法來化解問題。此案將餐廳後方的房間門隱藏設計於裝飾主牆內，改變了門的印象，也就沒有門對門的問題。圖片提供◎演拓空間室內設計

**設計plus**｜房間門隱藏設計於裝飾主牆內，消彌煞氣且改變視覺印象。

**270**

**271**

開門見灶

### 270+271 餐廚拉門化解開門見灶

開放式餐廚設計,讓大門一進來即見瓦斯爐灶,廚房因象徵一家的財庫,風水上非常忌諱一開門就見到廚房或是爐灶,代表漏財的格局。設計師在廚房的位置做上一道拉門,一方面可在料理時阻擋油煙,一方面也是避開風水上的禁忌。圖片提供◎里歐室內設計

**設計plus** | 公共場域的開放式設計,讓大門與瓦斯爐灶相對,此時可運用拉門來化解。

**272**

開門見灶

### 272 收起爐灶避煞氣

風水中禁忌爐灶對外,容易招使家道中落,因此設計師重新改變廚具配置,將爐灶隱藏在面向廚房凹槽處,並在後方安置了一座小中島,讓屋主料理食材時更加便利。圖片提供◎鼎爵設計工程

**設計plus** | 爐灶如果直接面對客廳,在無阻隔下,任憑油煙四散,會影響健康,是設計思考的首重要件。

**廚中廁**

## 273 改變廁所座向扭轉乾坤

原本全家人用餐的區域緊臨廁所，廁門直對準餐桌不僅如廁者尷尬，也使得不佳的氣味影響食欲，風水學理中易使家運不興。設計師巧手將洗手區域拉至門外成為開放空間，廁所門片則轉了方向多了緩衝，化解了原本的煞型位置。圖片提供◎采尚室內設計

**設計plus** | 山不轉路轉，雖然廁所位置不宜更動，但兩進式廁門設計化解如廁尷尬，也解決了穢氣直衝餐桌的不良格局。

**增財納福**

## 274 餐廳鏡面倍增家中財富

在英式鄉村風格的花朵牆面上，擺放銀色雕花鏡飾，不僅成為視覺焦點，風水上更有聚財聚氣一說。白色框架設計的玻璃門，以半穿透的阻隔，留住滿室的歡笑與溫馨。圖圖片提供◎陶然空間設計事務所

**設計plus** | 銀色雕花鏡飾讓生活呈現神清氣爽的優勢，其色彩更有進財的比喻。

**廚中廁**

## 275 美麗木牆遮蔽廁所入口

寬敞的餐廚空間採開放式設計，但由於建物格局的關係，公用浴廁就設在餐廳一旁，廚中廁易導致不良風水，讓居住者不安。為了整體空間視覺美觀，設計師沿著隔間打造橄欖綠的櫃牆，並嵌入冰箱，木作牆順勢延伸，以同色同材質的門片遮蔽廁所入口。圖片提供◎亞維設計

**搭配技巧** | 善用同色同材質的門片遮蔽廁所入口，化解不良煞氣。

設計plu｜原本為非開放式空間，廚房位置顯得陰暗，挑高空間，增進居家採光。

**增財納福**

## 276 採光優異，座東朝西財源廣進

採光對居家風水來說是重要的。此案前身為農舍，室內有隔間，因為客廳面向西邊，廚房面向東邊，座東朝西的方位符合古早諺語說的「座東朝西，賺錢無人知」，代表財源廣進的座向。圖片提供◎奇逸設計

**276**

**277**

**廚中廁**

## 277 讓廁門融入餐廳造型牆裡面

開放式餐廚空間顯得相當寬敞，但設在樓梯間下方的廁所，門口卻剛好對著餐桌，容易破壞食慾。沿著橫跨客餐廳的樓梯間，用白色烤漆木作搭配小塊茶玻打造一道造型牆。此牆在客廳修飾了樓梯間與樓梯入口，另門口正朝餐桌的1樓公用廁所，門片也刷成同色，降低這間廁所的存在感。圖片提供◎南邑設計事務所

**搭配技巧**｜將廁所門聰明隱入牆面，白色烤漆木作搭配小塊茶玻打造造型牆，廁所門片也刷成相似色。

廚風煞

## 278 封窗做拉門，油煙不飄散

電磁爐和抽油煙機前方是窗戶，形成廚風煞，容易造成家人腸胃上的毛病。為化解煞氣，設計師將窗戶做造型封住，但要防止油煙擴散至餐廳，甚至家中其他地方，影響居家環境，便再做兩扇木質拉門，平時開啟拉門加強通風和採光，烹飪時再將拉門拉上。圖片提供©原木工坊

**設計plus**｜原木材質拉門使烹調油煙時不致瀰漫至餐廳，
拉門關上時又與餐桌材質設計相呼應，達到空間整體感。

278

**279**

## 279+280 白色木質拉門清爽實用

現在居家空間多採開放式設計，此案的開放式廚房，唯一通風的小窗連結後陽台，用窗簾遮住，所以需要再做拉門將廚房與餐廳隔開以避免油煙，拉門的好處是既可以活動調整，又不似實牆占空間。圖片提供
©原木工坊

**搭配技巧**｜廚房磁磚花樣繁複，餐廳的牆面為亮麗的橘色，所以設計師選用白色木質拉門，避免衝突。

**280**

玄關、走廊、陽台篇
客廳篇
餐廚篇
更衣間、衛浴篇
臥房篇
書房、其它篇

281

**廚風煞**

# 281+282 拉門吧檯強化灶位的隱蔽性

扁長格局的開放式廚房面積有限,兩側長邊的一側是入口,另一側是採光窗,讓整間廚房毫無遮蔽。窗邊配置水槽與料理檯,灶位則移到入手右側,則可放心地開窗讓空氣流通,又不必怕會影響到爐灶。再將餐桌移到廚房外側的寬敞走道,並在入口處加設拉門與多功能吧檯,提高爐灶的隱蔽性,也能視情況地靈活封閉廚房。

圖片提供◎亞維設計

**設計plus** | 窗前或窗下就是爐灶易形成廚風煞,加設拉門與多功能吧檯可以增加隱蔽性。

## 283 托斯卡尼餐廚空間的小心機

開放式的餐廚空間因緊臨落地窗，違背風水學中爐灶不可對窗的忌諱，與廚所相鄰，易會產生不健康的格局。設計師設置L型歐式平檯，巧妙圍住廚房裡的煞氣；爐灶設計在空間角落，保留聚氣的風水概念，廚廁間更以牆面區隔，化解水火煞。圖片提供◎采荷室內設計

**設計plus** | 150公分高度的L型歐式平檯讓餐廚區成為輕鬆的交誼場域，並以牆面區隔原本的不良煞氣。

283

## 284 財庫不露白，爐灶冰箱移位

進大門一眼看到代表財庫的爐灶與冰箱，會犯了風水忌諱，調整爐灶與冰箱的位置就化解上述的問題。此案設計師先將灶位往左移，而櫃牆恰好可遮擋來自客廳的視線，再將大冰箱安排在這道櫃牆裡；新的配置，既符合使用動線，又可遮蔽冰箱與爐灶的位置，一舉數得。圖圖片提供◎陶璽空間設計事務所

**設計plus** | 櫃牆恰好遮擋來自客廳的視線，也能將冰箱安排於內，增加空間的寬敞。

284

## 285 利用吧檯錯開視覺隱藏爐灶

爐灶盡量不要跟落地窗是同一面向，易造成火候不穩定的廚風煞，除了造成家人腸胃毛病，更易財氣四散不易聚財，俗稱廚風煞。因此設計師特別在廚房和客廳的中間規劃了一條吧檯，將兩邊動線區隔開來，另外，爐灶也避免和水槽相對，規劃時利用錯開方式解決這項困擾。圖片提供◎鼎爵設計工程

**設計plus** | 爐灶不要與落地窗同面相臨，避掉煞氣也讓家人身體更健康。

285

**設計plus ｜** 懸吊式橫拉門為白色企口造型，垂直的美縫構成走道端景。

**286**

### 286 特製門片遮灶，化煞有平安

爐灶對著開放式廚房的開口與走道，形成撞門煞，當無法轉向或調整灶位，也無法配置中島或吧檯，只能在入口設門來遮擋。懸吊式橫拉門可避免撞到一旁冰箱，也不會有地軌絆腳；門片鑲嵌寬18公分灰玻璃，半穿透材質遮蔽廚房情景，靠近時可察覺門片另一端是否有人，避免出入時彼此衝撞。圖片提供◎南邑設計事務所

**撞門煞**

### 287 整合立面，巧妙遮藏財位

介於客、餐廳與後陽台的小廚房為兼顧舒適與便利而規劃成開放空間，因而在客廳就能直接看到爐灶與冰箱，形成撞門煞。設計師在備餐檯外側加設白色短牆以遮住爐灶，而入口右側的電器櫃讓大冰箱變得不明顯，並與水槽、爐灶構成順暢的烹調動線。圖片提供◎亞維設計

**設計plus ｜** 雖是小坪數的開放式廚房，卻在細節利用整合立面的方式，輕鬆避開了漏財的風水禁忌。

**287**

288

289

撞門煞

### 288+289 隔屏與拉門巧遮灶位跟餐桌

開放式設計的餐廚空間原本直接連結客廳，雖寬敞卻有撞門煞的疑慮，餐桌與代表財位的爐灶也都一覽無遺。設計師在外側加設隔屏，從中又可往左右兩側各拉出一扇門，靈活擋住廚房灶位，也將整個餐廚化成完整的密閉空間，而不影響平時進出廚房或上餐桌的動線。圖片提供©亞維設計

**設計plus**｜由四扇大型門片組成的灰綠色隔屏，中央兩扇為固定的屏風，直接遮蔽餐桌。

**樑壓餐桌**

# 290+291 現代風吊燈，弱化大樑壓力

餐廚中島連接著餐桌，是小家庭一同煮食分享的公共區域，然而屋內大樑垂直切入，形成風水學中的樑壓煞，設計師以現代極簡風格的吊燈高低錯落於下，弱化了天花板上凸出的大樑，後方則以鐵件陳列架與樑緊密結合，無形消弭了樑下沉重壓力。圖片提供◎明代室內設計

**搭配技巧**｜高低錯落的吊燈一字排開，不規則的隨興氛圍，與和樂融融的居家氣氛相呼應。

290

291

施工細節｜大樑以木天花手法包住，同時嵌入照明，展現溫暖柔和氛圍，且與客廳作出完美空間區隔，一舉數得。

**樑壓餐桌**

## 292 有趣的天花設計手法消彌煞氣

餐桌是全家人享受食物、補充能量之所，上方切忌有橫樑壓過。本案餐桌位置正上方原有大樑直壓，設計師以木板構築天花造型，劃定用餐空間場域，埋入嵌燈打造溫暖舒心的用餐環境，相鄰客廳天花則以連接式曲面為整體空間創造深淺錯落的有趣層次。圖片提供◎大湖森林設計

**292**

**293**

**撞門煞、冰火煞**

## 293 收整立面有效遮藏財位

狹長型的廚房，因面積與格局皆有限而採取開放式設計，如此一來，卻也暴露了爐灶與冰箱的位置。將廚房分成左右兩邊，左側從入口到窗邊依序配置冰箱、水槽、流理台及爐灶，構成順暢的烹調動線；右側為置物區，下櫃檯面可當備餐檯也可放置常用的家電。由於立面已拉齊，所以不會覺得位在同一排的冰箱或瓦斯很顯眼。圖片提供◎亞維設計

**設計plus**｜避免廚房入口正對著爐灶以及冰箱正對著水槽，既能化煞也讓烹調動線更為完善。

**樑壓餐桌**

## 294 跳躍意象阻滯煞氣

餐桌上方有大樑橫跨，側邊還有大柱，一橫一縱完全踩著了餐廚區風水的地雷，而設計師運用大小錯落的造型吊燈，利用圓的形體消弭方柱的剛硬稜角；桌柱融合，弱化柱體的存在，轉移了空間中的不佳煞氣，更創造驚豔的空間表情。圖片提供©明代室內設計

**搭配技巧**｜運用大小錯落的造型吊燈，以及圓的形體消弭方柱的剛硬稜角，創造了愉悅舒適的餐食端景。

294

**開門見灶**

## 295 黑玻廚房門，質感工業風

因格局關係，本案有開門見灶的風水禁忌。設計師運用黑色玻璃門，平時關起可化解煞型，但空間上卻可保持通透感又與整體風格保持一致。右邊木質櫃，上為收納、下為鞋櫃，中段則是高低差的展示空間，保留層次感。圖片提供©浩室設計

**材質使用**｜一進大門就會看見廚房的爐台，用黑色玻璃門化解開門見灶又能保持空間的通透感，木質收納展示櫃傳達層次。

295

**296**

**297**

### 296+297 圓潤東方氛圍的用餐天地

切面分散直角的銳利感,帶來圓滿、完美的空間意境。黑、白、灰的整體配色上,讓室內空間結合了東方古典與現代時尚,從餐廳至臥房廊道原有的尖銳直角,以流暢的天花造形線條消弭,轉角櫃體以切面分散直角的銳利讓空間展現圓融。圖片提供©演拓空間室內設計

**搭配技巧**│黑、白、灰的整體配色,增強空間的穩定氣場。

玄關、走廊、陽台篇

客廳篇

**餐廚篇**

更衣間、衛浴篇

臥房篇

書房、其它篇

298

**樑壓餐桌**

## 298+299 變化天花界定場域消弭煞氣

貫穿餐廳與書房的大樑，為居住者形成強烈的壓迫感受，設計師於餐廳部分將大樑加大與餐桌同寬消弭空間壓力，而至書房處則降低天花並裝飾格柵，不僅於開放式空間中為場域界定也破解風水樑壓煞氣。圖片提供◎法蘭德室內設計

**搭配技巧** | 餐桌結合吧檯，一旁則配置鐵件、玻璃搭構的通透摺疊門，形塑餐廳與書房的獨立場域，而當門片開啟時，則可達成彼此的互通串聯。

299

樑壓餐桌

## 300 善用材質與設計手法，提升用餐氛圍

屋高不足造成的壓迫感，讓用餐空間變得緊張。由於屋高較低，所以在餐廳天花L型造型作為修飾，並藉此延伸視覺拉闊空間感，材質選用木素材交錯灰鏡，呼應休閒風的自然元素，同時利用鏡面絕佳反射效果，拉高天花高度，提升空間的安心、無壓感。圖片提供◎法蘭德室內設計

**材質使用** | 天花板選用木素材交錯灰玻，增添休閒風的自然元素。

樑壓餐桌

## 301 梯型大樑幻化視覺焦點

原本餐廳區上方有著梯型大樑，讓人用餐時感到十分壓迫。在外在格局無法調動的情況下，設計師先將大樑包覆後運用其梯形做大片的格柵造型，不僅解決大樑的視覺壓迫感，也令空間更有風格與設計感。圖片提供◎里歐室內設計

**設計plus** | 無法調整外在格局時，可創造包覆大樑的格柵造型，提升風格感。

開門見灶

## 302 機能收納櫃，解決開門見灶

公共空間採取全開放式的設計，入門處原有開門見灶的隱憂。設計師利用頂天的機能性收納櫃，順著大樑將餐廚空間與大門做出自然的區隔，包覆了電箱又增加了大量的收納空間，解決開門見灶的疑慮。圖片提供◎一水一木設計

**設計plus**｜頂天的機能性收納櫃，有效區隔餐廚空間與大門，化解煞型隱憂。

**302**

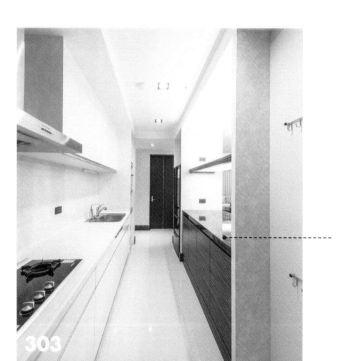

**303**

開門見灶、水火煞

## 303 水火不容的冰箱與爐灶

原開放式的廚房，爐灶位置容易外露，同時冰箱沒位置擺。設計師先在廚房與餐廳之間增設吧檯作為局部遮蔽，再將冰箱位置安排在吧檯的外側，盡量遠離廚房最內側的爐灶區；另外，水槽位置也設置於外側，避免廚房內有水火相沖，影響食物料理的風水問題。圖片提供◎遠喆室內設計

**搭配技巧**｜適當隔出吧檯位置，有效成為解決風水不良的好方法。

**開門見灶**

## 304+305 三層防護，不怕開門見灶

開門見灶為風水禁忌，本案屋主喜歡帶點美式的風格以及水藍色所呈現度假、放鬆的氛圍。設計師透過端景玄關櫃、木作造型牆搭配水藍花壁紙以及白底雕花廚房拉門，三層防護，化解開門見灶之不良風水。圖片提供©德本迪國際設計

**搭配技巧** | 運用端景玄關櫃、木作造型牆、雕花廚房拉門等三層防護，化解開門見灶之煞。

**廚中廁**

## 306 多門格局成為餐廳端景

位於動線上的餐廳旁有客用廁所與小房間的門，造成餐廳雜亂感。讓被二扇門盤據牆轉化設計為端景主牆，首先讓門片結合主牆材質做隱形設計，再透過圓鏡與壁燈等裝飾來呈現出奢華亮麗的視覺，讓人完全忽略門片的存在感。圖片提供©遠喆室內設計

**設計plus** | 讓門片結合主牆材質做隱形設計，並透過圓鏡與壁燈等裝飾讓人忽略雜亂門片。

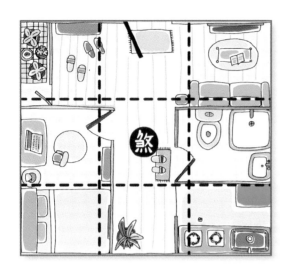

### 307.中宮煞

將房子畫分為九宮格，中央區域若剛好為廁所、廚房或走道，就為中宮煞。中宮如同心臟，影響家運最甚，中央若有穢氣，易讓家運不興；若為廚房則易影響健康及財運；位在中宮，會造成全家奔波忙碌。插畫◎黑羊

### 化解法

改善格局，避開中宮位，或是將位在中宮的廚房、衛浴或走道，以照明及綠色植物順暢此區的氣流循環。

---

Chapter **4** 更衣間、衛浴篇 # 煞 型 衝 突

---

### 308.陰濕煞

在衛浴中沒有可通氣流的窗戶，以致環境經常潮濕、易生霉菌，濕穢之氣無法通暢排出，同樣會影響家人健康，其中對脾、腎影響最劇，需防範家中老年人慢性病的產生。插畫◎黑羊

### 化解法

加裝抽風機時時排氣、換氣，以科學觀點來說可保持通風，另外以小燈搭配綠色植物象徵光合作用，也能化解陰濕煞氣。

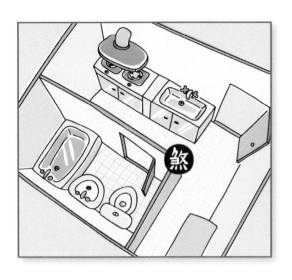

### 309.廚中廁

廚房為煮食之所，廁所為穢氣之地，當廁所門開於廚房內，廚廁重疊於同一區域，恐影響家人飲食衛生，也會致使家中人丁單薄，兒孫緣薄。廚中廁看似便利，其實在風水中是會敗壞家運的大忌。插畫◎黑羊

**化解法**

改變廁門方向，從別處進入；運用隱形片設計讓廁門的殺傷力減到最小。

# ✕ 修 飾 調 整

### 310.高低煞

廁所地板較其它區域為高，稱為高低煞。由於有些住家內廁所埋設馬桶管路，往往採用加高廁所地板的方式，但如此一來家人有肝膽方面的疾病產生，而室內地板高低出現落差，容易導致意外發生，若家中有老人、小孩則需要特別小心，且穢氣由高處往低處流，代表家中穢氣四散，財運走下坡。插畫◎張小倫

**化解法**

廁所地板需要打平，甚至管線重鋪。

### 311.浴缸外露煞

特別是小套房或是較大的臥房中，有屋主將淋浴間、廁所獨立設置在房間中，成為無隔牆的開放式或半開放式的格局，衛浴間與房連成一體，室內濕氣重複循環，易使居住者出現腎臟方面的問題，夫妻房或套房有此格局，則要當心夫妻同床異夢、貌合神離。插畫©張小倫

#### 化解法

僅做單面屏風並無法達到化解效果，需重新規劃格局，將完整衛浴間納入房間中。

## 312.樓梯下方煞氣

有些樓中樓的房型為妥善利用樓梯下方的畸零空間，將此處設計廁所、廚房、書房、神桌或臥房等，上方有天花板斜切而下，都容易讓人產生不舒適的壓迫感，一般來說樓梯下方皆不適任何生活起居場域。插畫◎張小倫

### 化解法
樓梯下方只適合用於造景、淨空或以櫃體將缺口補直，作成儲藏間，不適合作為活動空間。

## 313.雙門煞

不少現代房宅為提高坪效，竭盡可能的使用每處空間，衛浴增加一門，則能通往兩處，看起來便利，但其實是種精神上的干擾，易讓使用者使用時心有不安，缺乏隱私感。一廁雙門的格局的家庭成員也較容易有便秘、消化不良等腸胃上的問題。

### 化解法
其中一扇門需全然封住不使用，封住一門也能讓廁所內有更充裕的空間運用。

玄關、走廊、陽台篇

客廳篇

餐廚篇

更衣間、衛浴篇

臥房篇

書房、其它篇

314

**入門見廁**

## 314 巧妙換位，讓衛浴保有好風水

衛浴間除了講究通風與排濕，還有隱私上的考量，而此間的馬桶恰好落在正對著門口的位置，好生尷尬。也因廁所因建物先天條件而沒法開窗、拓寬，僅能透過設計手法來改善；設計師將馬桶與洗手台互換位置，朝向廁門的洗手台，以原木烤白漆打造底櫃，上嵌大口徑卻不占空間的方盆，讓視覺有了轉移之效。圖片提供©亞維設計

**設計plus**｜衛浴首重通風與照明，進而打造出舒適的好風水。

**入門見廁**

## 315+316
## 創意鐵管包藏衛浴穢氣

廚房旁為衛浴間形成水火煞，設計師將起居生活核心區域的牆面，以鐵管由地至天不規則爬行，作為造型修飾，拉高了視線面積，不僅包住了穢氣，也包覆了原本存在的煞氣，形成風格獨具的個性空間。圖片提供©明代室內設計

**設計plus**｜特殊設計造型看似裝飾，卻是化解煞氣的妙方，以鐵管將廁門與牆面合而為一，隱化衛浴存在感也創造好風水。

315

316

**317**

入門見廁

## 317 馬桶神隱，愈住愈安心

廁所可謂家的穢氣之所，馬桶更屬於廁所中的穢氣之源，愈隱晦愈安心。本案為鄉村風湯屋，有頗大的衛浴空間，設計師將馬桶藏於柱後，同時在洗手台兩側以馬賽克半腰牆相隔，多了使用層次，不論如廁、泡湯沐浴都能放鬆進行。圖片提供◎采荷室內設計

**設計plus｜**直立大柱成為最好的空間隔牆，讓馬桶神隱於空間中，不僅用得安心，空間更顯舒適清爽

**中宮煞**

## 318 衛浴魔法設計，削減不良煞氣

房宅中央處在風水學理中稱為「中宮」，具有核心精神的象徵，此位置最忌諱陰濕的衛浴或火氣旺盛的廚房。本案中宮位置剛好為衛浴，設計師將其調整為半開放式，外為洗手台，入內才為廁所，衛浴內推避開中宮位置，開放式的洗手區域更方便使用。圖片提供◎采荷室內設計

**施工細節｜**原本衛浴改為分離設計，洗手區則為開放式，並改變廁所門原本方向，有效削減不良煞氣。

**318**

玄關、走廊、陽台篇

客廳篇

餐廚篇

更衣間、衛浴篇

臥房篇

書房、其它篇

**房中房風水禁忌**

# 319+320 更衣間聰明運用轉角空間術

更衣間在進門處，入門產生一條走道，造成擁擠感。善用8坪臥房的條件額外規劃出一間獨立更衣間，走道一側的立面使用反光與穿透材質，以牆面虛化的手法，化解進入房門後面對應一堵牆的侷促感，玻璃門片也造成走道拓寬的錯覺。圖片提供©築青室內裝修有限公司

**設計plus** | 更衣間內是ㄇ字型的系統櫃，有轉角運用的問題，透過內外拆分的方法將轉角空間分別規劃床頭收納與化妝檯兩種用途，不浪費分毫。

320

## 321 巧用材質特性，兼顧雙重功用

將雜亂的衣物外露形成房中房風水禁忌，易有外遇的不良氣場。採用滑門取代，門片並以黑玻結合鐵件，利用黑玻具有穿透效果，可避免封閉感，同時又能適當遮擋凌亂的物件。圖片提供◎法蘭德室內設計

**321 設計plus** | 黑玻具擁有穩好的穿透效果，能增加空間中的多變性。

## 322 鏤空造型牆創造好風水

避開可能在形式上變成房中房的風水禁忌。空間過長反而不易安排造成空間浪費，選擇在衣櫥與床座之間，以一道牆創造出電視牆功能，同時區隔出化梳妝區；牆面上半部採用鏤空設計，除了避免實牆造成梳妝區缺乏採光而顯得陰暗外，也能淡化牆面存在感。圖片提供◎法蘭德室內設計

**施工細節** | 將牆面創造出電視牆功能並區隔出化梳妝區，解決不良煞形的格局。

322

玄關、走廊、陽台篇

客廳篇

餐廚篇

**更衣間、衛浴篇**

臥房篇

書房、其它篇

**廁所門沖床**

# 323+324+325 以畫當門扭轉穢氣之所

廁所門片無論對到房門、廚房、大門、窗戶等都是不佳的風水，設計師巧手大改造，把再尋常不過的門片以巨幅抽象水彩畫修飾，立體畫框更彰顯風格，也巧妙讓衛浴空間隱藏，成功化解空間中的沖煞。圖片提供◎大湖森林設計

**材質使用** ｜ 金色玄關門帶來招財意象，且漩渦奇幻的藝術玻璃門則能反射視覺，成功破除煞氣。

326

## 326 柔和設計化解樑下無形壓力

衛浴空間中橫樑穿越形成穿心煞，無論沐浴、如廁都不自在。以特殊防水木板材質重塑天花板質感，天然木紋與垂燈的暈黃燈光，完全修飾了樑下的銳角，並且使用大小、方圓、深淺不同的磁磚拼接出鄉村風的空間韻味。圖片提供©采荷室內設計

**材質使用**｜天花板採用防水木板，透過柔和質地修飾煞型，並以磁磚拼接出充滿鄉村寫意的氛圍。

327

## 327 半透粉玻璃門打造幸福桃花運

主臥的衛浴在陽宅風水學中與桃花人際有著直接關聯，衛浴入門先為洗手、如廁區，洗浴則有乾濕分離的玻璃門片相隔；設計師採用帶來桃花的粉櫻花色作為門片用色，日光灑進讓滿室擁有明亮粉嫩氣象，為屋主帶來幸福佳緣。圖片提供©大湖森林設計

**設計plus**｜長型衛浴空間容易在中後端陰暗潮濕，以半透粉的乾濕分離門保持室內乾爽，同時透光，避免陰濕環境招來不祥。

玄關、走廊、陽台篇

客廳篇

餐廚篇

更衣間、衛浴篇

臥房篇

書房、其它篇

**328**

**329**

## 328+329 從隔間解決隱私等問題

全新小套房,全屋一目瞭然且大門直沖浴缸,因面積不敷使用而加設夾層,隔間也換了材質,藉此化解忌諱。衛浴位置不變,僅將透明玻璃落地窗改成木作的雙面櫃與顆粒直徑8MM的噴砂灰玻門片、門框貼防水抗潮的灰色岩片,遮住了浴缸,空間的機能與質感也大幅提升。圖片提供◎南邑設計事務所

**材質使用**|木作雙面櫃與噴砂灰玻門片、門框貼防水抗潮的灰色岩片,有效改善隱私問題。

**330**

桃花煞

### 330 跳色素磚創造沉穩衛浴風水

如果衛浴過於花俏，會有桃花煞的困擾。北歐風格的家中常是有著繽紛色彩，當然來到衛浴也是不例外，擔心另一半桃花過旺的屋主想要有主題風格，但又擔心磁磚太花，可以設計造型鏡面帶出空間主題，搭配有顏色的素磚，衛浴也能很有趣。圖片提供◎禾光室內裝修設計

**搭配技巧** │ 造型鏡面帶出空間主題，選擇素磚穩定衛浴風水。

浴缸外露煞

### 331 若隱若現的軟隔間之美

主臥是極私密空間，房內設計可以完全依照個人的偏好與生活軌跡來安排。因此，依循屋主期待將浴缸放在臥床邊，讓洗浴時光不再只能面壁，大大地解放束縛感。而考量格局層次感採用了軟簾與柱狀隔屏作遮蔽，也化解浴缸外露的問題。圖片提供◎森境＆王俊宏室內設計

**施工細節** │ 浴缸配置在臥房內，雖為私人空間無隱私的高度需求，但考量空間層次，仍要有一定的隔間規劃。

玄關、走廊、陽台篇

客廳篇

餐廚篇

更衣間、衛浴篇

臥房篇

書房、其它篇

**332**

## 332 密閉空間以明亮來化解陰暗

受限於基地的先天條件，此棟住宅在左右兩側皆有鄰棟建築逼近，導致主臥的衛浴無法開窗，成了密閉空間。除了借助通風設備來打造乾爽的環境，衛浴間還搭配藍白兩色的亮面瓷磚、白色烤漆浴櫃、大片浴鏡以及充足燈光，營造出明亮且舒適的空間調性，讓人忘卻這裡沒有外窗的遺憾。圖片提供◎質澤室內設計

**搭配技巧**｜使用亮面瓷磚、白色烤漆浴櫃以及大片浴鏡，再結合充足燈光，讓空間更顯明亮。

## 333 陰陽調和、明暗恰當的衛浴空間

此案位置剛好在空氣潮濕、易下雨的地區，廁所難免凝聚霉氣，設計師特別著重選擇裝潢建材，地板多使用西班牙進口的陶磚，其毛細孔較大的特性，能讓水分蒸散得更快，使室內常保乾爽。衛浴之間的半牆造型隔屏則保留了私密性。圖片提供◎采荷室內設計

**材質使用**｜衛浴長年潮濕，使用毛細孔較大的西班牙陶磚的特性，讓水分蒸散更快。

**333**

334

## 334 選對設備就能常保乾燥舒適

不論中古屋或是新大樓,很多時候常常面臨衛浴無法開窗、也受限格局不能任意變動位置,此時衛浴的通風問題建議可透過五合一暖風乾燥機予以化解。壁面則選用金屬磚搭配木紋磚做交丁貼,打造溫馨時尚的氛圍。圖片提供◎陶璽空間設計

**設計plus** | 暖風機正確應裝設於乾燥區,機體距離地面應有1.8公尺以上,且天花板和樓板之間也要有30公分的高度以便安裝機體。

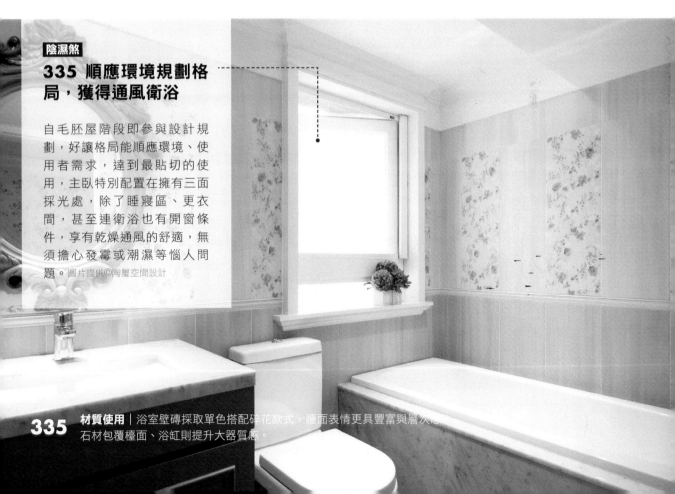

## 335 順應環境規劃格局,獲得通風衛浴

自毛胚屋階段即參與設計規劃,好讓格局能順應環境、使用者需求,達到最貼切的使用,主臥特別配置在擁有三面採光處,除了睡寢區、更衣間,甚至連衛浴也有開窗條件,享有乾燥通風的舒適,無須擔心發霉或潮濕等惱人問題。圖片提供◎陶璽空間設計

335 **材質使用** | 浴室壁磚採取單色搭配碎花款式,牆面表情更具豐富與層次感,石材包覆檯面、浴缸則提升大器質感。

玄關、走廊、陽台篇

客廳篇

餐廚篇

更衣間、衛浴篇

臥房篇

書房、其它篇

**336**

**陰濕煞**

## 336 撒下天光的陽光衛浴

衛浴原本毫無採光且無通風，容易囤積穢氣，對運勢有負面影響。透過設計改善了採光問題，因為正好位處頂樓，於是設計師特別從天花板挖洞引進日光，解決了暗房問題。圖片提供◎鼎睿設計工程

**施工細節** | 設計師採用挖洞引日光的施工技巧，也讓屋主的運勢能夠提升。

**陰濕煞**

## 337 清透玻璃讓濕氣不飄散

又想要有浴缸好好泡澡，又擔心水氣會漫延，影響木質洗手台，此案設計師利用玻璃門做出乾濕分離，既阻隔陰濕煞，又保留穿透的視覺，讓窗外的陽光能充分滲透，滿室的綠意也均能一覽無遺。圖片提供◎原木工坊

**材質使用** | 選用清透的玻璃，能讓乾濕分離，又能讓整個空間不被阻擾，在洗手台也能充分享受陽光與植物的洗禮。

**339**

**337**

**338**

陰濕煞

### 338 清爽明亮刷新衛浴印象

廁所空間狹小潮濕且過於陰暗,且是一家人每天進出頻率最多的地方,若能舒服的待在此處,也能讓一天更有元氣,設計師選用石材搭配白色磁磚,在視覺上最無負擔,嵌燈恰到好處的讓這光線柔和充足,透過通風機能有效化解穢氣。圖片提供◎南邑設計事務所

**搭配技巧** | 百葉窗通風機能使再多的穢氣都能隨風而逝,是居家必備的好用產品。

**340**

陰濕煞

### 339+340 清爽又通風的小型衛浴間

主臥附屬的衛浴,與睡眠區已透過更衣間來隔開,但由於格局限制,約1坪的小空間卻沒法開闊外窗。除透過抽風機等設備來強化通風與排濕,設計師運用材質搭配來營造舒爽感,葡式花磚地坪與水泥粉光牆的明快對比,並以充裕的照明呈現出宜人的簡約品味。圖片提供◎齊禾設計

**搭配技巧** | 葡式花磚地坪與水泥粉光牆的對比搭配,讓狹窄空間呈現簡約品味。

**342**

**廁所門沖餐廳**

# 341+342 國王的門片，找不到的衛浴入口

廁所門豎立在餐廳旁邊，會降低用餐環境的品質，風水上也有不良影響。因此設計師將廁所門規劃為隱藏式暗門，運用橡木做為門片面材，與周圍壁面融為一體，搭配立面的分割線，巧妙隱藏了門的視覺位置。
圖片提供◎杰瑪設計

**設計plus**｜原格局廁所在餐廳旁邊，影響用餐者的健康跟胃口，橡木門片以及分割線運用，有效隱藏門的位置。

## 343 在財位增設浴缸好納財

風水師通常會算出屋子的財位,設計師再由風
水師的建議適當修改或調整空間動線和格局。
這間屋子的財位正好在西南方,原本衛浴空間
就位在此,因為遇水則發,浴缸盛水,意為納
財。圖片提供©鼎爵設計工程

**設計plus** | 配合財位,增設浴缸遇水則發。

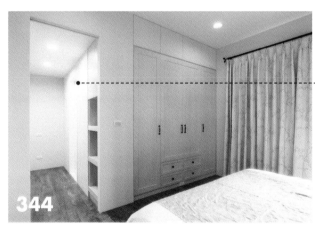

## 344+345 增設更衣間以藏住廁所

寬敞的臥房,附帶衛浴間的規劃雖然方便,
卻也容易讓廁所的穢氣與濕氣影響到睡眠
區。由於面積足夠,順著衛浴間與睡眠區之
間的牆壁打造落地櫃,並於外側設門,就成
了走入式的更衣間,遮住衛浴間的存在。圖
片提供©亞維設計

**材質使用** | 更衣間內的衣櫃刷成奶茶色,門片
上半部為鑲嵌的毛玻璃,透光不走光。

**346**

**348**

**提升桃花運**

# 346+347 繽紛亮眼的更衣間與化妝檯

私密的化妝檯與更衣間設計重點在於配合主人的使用動線與習慣，而局部開放櫃設計可方便快速拿取；另外，配合亮眼色調的壁紙也可以映照出更紅潤的臉色，讓化妝的心情更佳。至於私密物品或者較瑣碎的雜物則可放置櫃內收藏，空間就不易雜亂。圖片提供◎禾光室內裝修設計

**設計plus** ｜ 櫥櫃分列兩側保住自然採光，而門櫃的規則避免雜亂感，讓所有物品都可定位。

## 348 運用更衣間阻擋視線穿透

入門見床容易影響身體健康，並且容易有血光之災。主臥在入口處規劃更衣空間，阻擋開門見床的視線，並加入符合習性的機能分配，並結合鐵件、融入木紋元素，營造不過於剛硬的工業質韻，搭配充滿文青感的陳設，帶出寢臥獨有的品味格調。圖片提供◎法蘭德室內設計

**設計plus** | 設計師運用更衣間阻擋視線直接穿透，並使用推門解決房中房的另一風水問題。

## 349 花瓣牆面開關自然拉門

此案的衛浴門正對大門玄關，讓客人一進門就彷彿能窺探到屋主隱私，是風水上所謂的「入門見廁」。設計師採用原木的原色搭配茶鏡製做一扇拉門，平常拉起拉門時，門片宛如牆面造景，化解了入門見廁的尷尬。圖片提供◎原木工坊

**設計plus** | 用拉門當做造型牆面，既化解入門煞，大型花瓣的造型呼應衛浴內部的彩色磁磚，給人熱情繽紛的感覺。

349

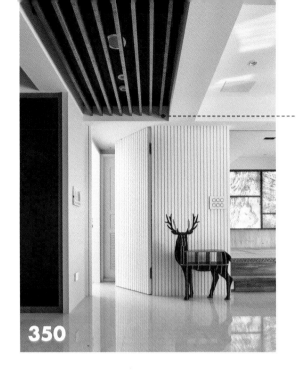

**350**

### 350 衛浴植入隱藏門，使用變多元

本案入門見廁，穢氣直衝，容易讓家運衰敗。設計師巧妙地將公用廁所與臥房外加上一整片牆面，牆面另植入一道隱藏門。有客來訪時作為公用廁所，關起來時，就變為獨立衛浴套房，不止化解煞型，生活使用機能更多元。圖片提供◎洺室設計

**設計plus**｜以整面線性條紋的隱藏門、牆，建置於臥房與客用廁所之外，關起時化解入門見廁的煞型隱憂，開門時則可作為客用廁所。

**352**

**353**

351

廁所門沖床

## 351 開放式機能牆化煞且實用

臥房原本的格局限制，床會與廁所門相衝，穢氣直撲，影響健康。設計師將床的位置後推，透過與廁所門同寬的距離，拉出整面的衣櫃、梳妝檯，形成一道牆，化解煞氣；主臥空間機能性更多元，收納亦增，梳妝檯下置入保險箱，猶如屋主小財庫，頗有聚財之意。圖片提供◎一水一木設計

**施工細節** | 透過與廁所門同寬的距離，拉出整面的衣櫃、梳妝檯，形成一道牆，化解煞氣，半開放式的空間增加更多元的使用性。

廚中廁

## 352+353 休憩北歐風，將衛浴包起來

餐廳對到廁所，污穢之氣直衝，對人的健康不利且食不知味。本案為北歐風格，以低彩度的大地色為主配上局部鮮豔牆面，設計師將靠近餐廳的廁所以整片蜂巢概念的木質牆包覆，牆面帶出隱藏門，平時關起時，更體現了風格的整體性。圖片提供◎德本迪國際設計

**施工細節** | 整片木質牆面搭配隱藏門包覆衛浴空間，使北歐風的整體性大增，也輕易化解煞型。

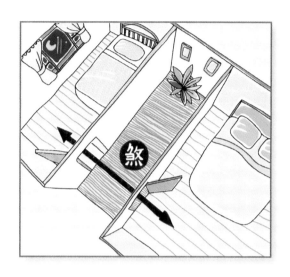

### 354.對門煞

對門煞又稱「門口煞、口舌煞」最常見的就是房門與房門相對，造成口舌是非，家人感情薄；房門對到廚房門、衛浴門，則易使房間主人易有腸胃方面問題或身體疾病；對到大門更要小心引發官司糾紛。插畫◎黑羊

#### 化解法

門是內外進出的核心，要避免對門除了裝潢時調整外，其次的方式就是將房門以隱藏式門片處理，或加裝門簾，隱化房門或對門形體。

## Chapter 5　臥房篇　煞型衝突

### 355.鏡門煞

鏡子反射端景，雖能放大空間中的視覺效果，但也會反射出不佳的能量，大型半身以上鏡面擺放，應避免室內鏡子正對房門、窗戶形成鏡門煞，否則會形成房間主人的財氣不聚，同時在人際上易多衝突口角。插畫◎黑羊

#### 化解法

改變臥房的陳設，也可以選擇將鏡面包覆的化妝檯或衣櫃，如沒有更衣間，全身鏡適合置於門後等隱蔽性高的地方。

### 356.床頭空懸煞

房間中床頭若沒有靠到實牆，則形成床頭空懸煞，易使房間主人睡不安穩，處事缺乏穩定，長期居住更可能有元神損耗、腦神經衰弱等負面情況發生。插畫©黑羊

**化解法**

許多人為避開床頭大樑而寧可床頭空懸，這是相當不佳的做法，若不能靠牆，可在床頭設計床頭櫃、床頭平檯或是桌檯，都可化解。

# ✕ 修 飾 調 整

### 357.懸劍煞

懸劍煞就是俗稱的「燈射床」，臥房直式日光燈管剛好與床垂直陳設，燈管像箭般直直切進，睡在其中容易出現病痛及血光，燈管愈長殺傷力愈強。房中照明也不適合擺設在床的上方，易影響健康。插畫©黑羊

**化解法**

調整燈與床的角度，也可選擇圓形燈具或嵌燈化解懸劍形煞，燈具位置最好避開床的上方，也可以柔和的間接照明化解。

### 358.鏡床煞

房間中的梳妝檯或是以鏡子作為門片的衣櫥,剛好正對床鋪,即形成鏡床煞,屬於相當嚴重的臥房風水煞,半夜起床,容易被自己身影驚嚇,不僅容易引發夫妻口角、感情生變,更有損害健康的風險。插畫◎黑羊

> **化解法**
> 將鏡子與床相鄰擺放,梳妝檯換一方向,移開兩兩相對的煞氣,或者選擇鏡子在櫃門內的衣櫥,透過位置轉移避免鏡床煞氣。

### 359.沖床煞

床尾對到房門,睡覺時身體與門呈一直線,屬於風水中大凶格局,又稱開門見床,躺臥時睡不安穩、心神不寧,也使房間主人身體脆弱。基本上房門與床最好有所阻隔,門床相沖身體最傷。插畫◎黑羊

> **化解法**
> 可針對房門設置簡化的小玄關,或以屏風、隱形門片化解,但房門最好保持關閉狀態保持空間安定。

### 360.隔床煞

床的隔牆為神桌的後方,無論床頭、床尾,都構成相當不佳的風水煞氣,床頭朝神桌,則當心引發夜長夢多、噩夢連連的狀況,床尾朝神桌則大為不敬。若臥房位於廚房上方,氣場燥熱,若為夫妻房易常有口角爭執,單身者則容易孤寡,人際關係亦有負面影響。插畫◎張小倫

> **化解法**
> 移動床位避免煞氣位置,只要避開直直相對的區域,都可化解。

### 361.床尾朝窗煞

所謂明廳暗房，除了床頭靠窗外，床尾處正對著窗也是風水上的大忌諱，床尾對應著腳，因此有著「不安於室」，想往外跑的情況，若是夫妻房則有感情生變等問題。此外，腳朝著窗戶而臥相當不雅觀，象徵私密的事被人窺見，易有精神耗弱、疲勞等問題產生。床尾朝窗又以落地窗的煞氣最為嚴重。插畫◎張小倫

**化解法**
調整床位，避開窗戶位置，或是在窗與床腳製造緩衝空間，不讓窗直接射進床。一般來說只要不是呈直線與床尾相對，就可避其煞。

### 362.樑壓床

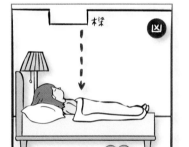

相對於客廳的破腦煞，臥房中最容易出現的，便是床的上方有樑切過，無論是床頭、床中、床尾，都會造成煞氣，因為床與人體相應，凡是有樑對到的人體器官部位，都較脆弱，也要防範意外。插畫◎張小倫

**化解法**
最好的方式還是移動床位，避開任何樑壓情況，或可在樑下以櫃體填補，成為可倚靠的立面，最後則是透過天花板化解煞氣，但這一方法功效較弱。

### 363.臥房壁刀煞

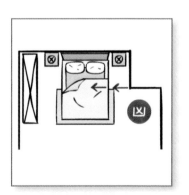

壁刀煞通常出現於室外，當對門大樓樓側直角正對自家大門或窗而產生的凶煞，房間內則因設置衛浴、更衣間產生的室內壁刀對到床，而出現的臥房壁刀煞，躺在床上者在壁刀所切之處容易出現意外傷害或病痛。另外也有房門被其它室內牆面壁刀所切，亦構成臥房壁刀，臥房主人要小心血光意外。插畫◎張小倫

**化解法**
弱化壁刀銳角帶來的煞氣，運用屏風、牆面佈置、收納櫃填平缺角等，都是設計師常採用的方式。

**364**

### 入門見床

## 364+365 使用軟性拉簾，空間保持開闊

本案臥房入門見床，此風水有讓人惡夢、失眠或睡的不好的隱憂。床的擺放受限，加上屋主夫妻對於主臥有大量的收納需求，設計師為了避免固定的隔屏與已有的收納櫃再將空間作硬性切割，使空間顯得侷促。設計師透過軟性材質「線簾」，達成阻擋的效果，也保留視覺上的開闊，避開開門見床頭的風水問題。圖片提供◎綺羽創意空間設計

**材質使用** ｜ 透過軟性材質「線簾」，達成化煞效果，也讓睡眠更安心。

**365**

## 366+367 主臥內讓房間端景一氣呵成

當主臥內包含了衛浴空間，然而衛浴往往是穢氣之所，衛浴內鏡子也容易帶來煞氣，尤其不宜與床、房門相衝，設計師在房間中刻意將衛浴門與牆面合而為一，讓衛浴空間隱於無形，不僅化解了廁門沖煞，也讓房間端景一氣呵成。圖片提供◎大湖森林設計

**材質使用**｜複層直式木片形成特殊牆面，不僅使室內空間視角更為多元，也為衛浴門片帶來了最佳隱蔽效果。

366

367

玄關、走廊、陽台篇

客廳篇

餐廚篇

更衣間、衛浴篇

臥房篇

書房、其它篇

**入門見廁**

## 368+369 隱藏廁所門片淡化入口視覺

臥房代表著夫婦關係、男女情感的象徵，且臥房占我們日常生活中極重要的份量，因此臥房風水可說是相當重要的課題，在本案中因為房內空間使床能直視衛浴入口，猶如穢氣迎人，容易對身體腰部健康有所影響，設計師將門片與牆面連成一氣，淡化入口視覺化解風水忌諱。圖片提供◎築青室內裝修有限公司

**設計plus**｜隱藏式門片從外面看不到把手，並裝上90度回歸鉸鏈可自動闔上，並可以由內面上鎖十分便利。

368

369

371

## 370 去形化煞，解決廁所沖床

面對主臥中「床正對廁所入口」的風水大忌，
設計師採取虛化衛浴空間的手法，巧妙地將衛
浴空間隱藏起來，當門片閉合時，儼然就像是
一片精美的牆面。圖片提供◎陶蠶室內設計

**370**

**設計plus**｜虛化衛浴空間，以門片創造精美牆面。

## 371 迎刃而解小空間雙煞

現在住宅空間多半窄小，常見臥房內床僅能靠
窗擺放，在風水上有「床靠窗易遭殃」的這句
俗諺，身體容易虛弱，在本案中床靠窗與廁對
床的風水忌諱，設計師運用加厚床頭板與窗簾
化解煞氣，並用隱形門片解決衛浴對床的問
題。圖片提供◎築青室內裝修有限公司

**設計plus**｜牆面以溫潤木材質，打造寧靜睡眠場
域，而衛浴門片則隱身其中，解決煞氣又兼具美觀
效果。

玄關、走廊、陽台篇

客廳篇

餐廚篇

更衣間、衛浴篇

臥房篇

書房、其它篇

**372**

**廁所門沖床**
## 372+373 以風格美感取代門片

在床尾側邊位置剛好對到進入更衣間與浴室的門。配合室內古典風格的設計語彙，將更衣間的門片裝飾以古典飾板線條，使門片在外觀上轉化為裝飾牆，讓門片幾乎隱形了。圖片提供◎澄橘室內設計

**設計plus**｜配合室內風格的設計，以相同材質做為裝飾牆，形塑出隱形門片。

**373**

## 374+375 滑軌鏡聰明化解風水禁忌

此為臥房一進門後的一個長型走道，因為其深度夠，並配合浴室與衣櫃的動線，設置了梳妝檯並形成更衣空間，但一進門到底即為梳妝檯，形成開門見鏡的忌諱，將鏡子做成滑軌式，藏於衣櫃旁將風水禁忌漂亮化解。圖片提供 ◎馥閣設計

**設計plus** | 木作門片設計讓化妝用品藏於其中，不讓瓶瓶罐罐干擾整體設計，而淺色木作與地板互相呼應，讓視覺更為一致

**374**

**375**

玄關、走廊、陽台篇

客廳篇

餐廚篇

更衣間、衛浴篇

臥房篇

書房、其它篇

### 床頭懸空煞

## 376 化解床頭懸空且規劃空間界定

一般臥房的床都是靠牆擺放，但設計師為了區隔房內空間將床頭放置房間之中，並在後方以厚型床頭櫃作為倚靠，反面則為收納空間，不僅化解床頭無靠的風水忌諱，亦成為睡眠區與閱讀空間的界定。圖片提供◎伏見設計

**設計plus** | 避開風水忌諱外，厚型床頭櫃作為倚靠，反面則為收納空間，一舉雙得

### 床頭靠窗煞

## 377+378 通風與安眠兼具的拉門裝置

床頭靠著窗戶不好，夜間睡覺時易受不好的磁場干擾，但有時屋子為了通風或採光的緣故，會不只在一面牆上做窗戶，此案格局因為主臥浴室在床後，所以床後面的牆多了一扇小窗通風，設計師便做一扇拉門，睡眠時可以將門拉上。圖片提供◎沐果室內設計有限公司

**搭配技巧** | 床後的小窗做一扇拉門，白天開窗通風，晚上睡覺時將拉門拉上，輕鬆化解不良煞型。

377

378

**廁所門沖床**

## 379 床與門不再對峙而立

房間床尾直接面對浴室門，造成床沖門的風水忌諱。為避開門與床對沖的問題，將浴室門改向移至左前方，並且將床尾的櫥櫃改以無把手設計，平整如牆面的設計減少了櫃體印象，也降低壓迫感。圖片提供◎遠喆室內設計

**設計plus|** 巧妙將浴室門改向，化解風水忌諱且增加設計質感。

**破腦煞**

## 380 少了樑柱睡得好安穩

床頭上方天花板遇有大樑，床尾右側也有柱子尖角造成睡眠時的不舒適感。為避開建築結構的大樑，除了運用繃板加厚床頭板來錯開外，在牆面上也貼上書櫃壁紙做裝飾，讓人忽略樑的量體。圖片提供◎演拓空間室內設計

**施工細節|** 床尾柱角包覆為圓柱，避免尖銳感，讓睡眠品質更為舒心。

**臥房壁刀煞**

## 381 無限延伸的好眠視角

床頭上方的大樑就算床位挪移，平躺時仍難免感受樑下壓力，易讓人難有好的睡眠品質。設計師以白色弧形的天花作一視角的無限延伸，不僅化解銳利的壁刀煞氛圍，柔和低照射的間接燈光，創造了優質的睡臥空間。圖片提供◎寄隆設計

**設計plus**｜自天花板延伸至床頭櫃的白色弧形面板，化解煞型，帶來一路延伸的正能量。

**破腦煞**

## 382 以收納將大樑隱於無形

床的位置上方有橫樑，造成樑壓床的不良風水。設計師在樑的下方設計一個收納櫃，美觀又兼具收納功能的巧思，成功解決樑壓床的風水問題。圖片提供◎陶璽室內設計

**搭配技巧**｜運用收納櫃軟件使用，達到收納與化煞的雙重功效。

**383**

**臥房壁刀煞**

### 383 半透明拉門當作隔間

小套房常常因為坪效運用，所以不做太多、太大的實體牆，以求通風與開放式格局，這間臥房與廚房相通的格局，牆面結束正對床鋪中央，產生「壁刀煞」，設計師用半透明拉門將臥房與廚房的隔間延伸至床腳，破解了煞型。圖片提供◎綺寓空間設計

**設計plus** ｜用半透明拉門做為實牆的延伸，破除臥房牆邊正對床鋪中央的壁刀煞。

**房中房風水禁忌**

### 384 床頭板界定兩室避免房中房

房中有房必有二房，容易有外遇之事發生，多數更衣間為了不形成房中房的風水禁忌會省去門片。工業風的主臥延續公領域的冷調，並在床頭後方規劃更衣間，且以鐵件與木元素打造收納櫃，令人宛如置身於個性服飾店，以床頭板界定睡臥與更衣間也避免了房中房的風水忌諱。圖片提供◎法蘭德室內設計

**設計plus** ｜以床頭板做界定，不僅節省空間也令動線順暢。

**384**

玄關、走廊、陽台篇

客廳篇

餐廚篇

更衣間、衛浴篇

臥房篇

書房、其它篇

**破腦煞**

## 385+386 俐落造型牆消弭風水隱憂

床頭上方原有大樑橫跨，形成陽宅風水學中的忌諱，設計師以斜切造型牆修弭大樑的高低落差，再用間接照明增添房內柔和光線，並搭配深灰床頭櫃與懸吊櫃，展現沈穩立面線條之美，也使樑壓隱憂完全化解，更顯臥房中的簡樸自然。圖片提供◎明代室內設計

**施工細節**｜床頭斜切造型牆，修弭大樑的高低落差，並以床頭櫃承接下方空間，避開不良風水。

385

386

## 387 斜面牆化解壓床煞氣

在房間的天花有樑柱，容易形成壓床煞氣。此案設計師考量包覆樑柱會造成天花過低亦是讓空間狹隘有壓迫，因此以斜面牆的方式處理，並利用其厚度做床頭展示空間，鋪上較其它牆面深色的壁紙，讓視覺上感受不到傾斜角度。圖片提供©明代室內設計

**施工細節** | 採用斜面牆的方式處理天花梁柱，讓在休息時不易感到壓迫繼而擁有優良的睡眠品質。

387

玄關、走廊、陽台篇

客廳篇

餐廚篇

更衣間、衛浴篇

臥房篇

書房、其它篇

388

389

**破腦煞**

### 388 以柔克剛，化解大樑臨頭

床頭處大小樑臨頭，設計師先以床頭上下收納櫃的方式展現機能並層加壁面層次，同時以照明柔化高低落差，柱子與樑用鮮明色彩修飾成造型風格，窗上橫樑則化身窗簾盒，空間中究竟誰是樑、誰是收納，一切不得而知。圖片提供© 采荷室內設計

**設計plus** | 運用壁面高低落差的修飾技巧，藏匿了躺在床上即看到天花板上的交錯屋樑。

**破腦煞**

### 389 設計層板消弭樑下壓力

臥床前端橫直樑交錯，設計師樑下設計層板及桌面補填樑下壓力位置，尖角煞氣以北歐風壁燈以及綠色植物化解，且在自然光的照耀下創造了心曠神怡的視覺環境。圖片提供©馥閣設計

**搭配技巧** | 以藍色作為臥房內的主調色彩，從牆面、床、櫃到被單軟件皆以藍、灰搭配橡木色層架與桌子。

**房中房風水禁忌**

### 390 鄉村風窗櫺創造好機能

主臥倘若房中有房，形成濫桃花格局，易有招來小三的隱憂。本案主臥即有另一更衣間，為避免房中房的煞氣形成，設計師以拉門重塑了空間界定，大開口設計讓出入口處完全隱匿，將睡臥和更衣間的區域融為一體。只有除濕時再將拉門拉起，強化更衣空間機能。圖片提供© 采荷室內設計

**材質使用** | 以鄉村風毛玻窗格拉門重塑空間界定，打破房中房煞氣產生。

390

**破腦煞**

## 391 訂製床座、間接照明避開大樑

大樑壓床是許多房子都會面臨到的狀況，最常見的做法是利用樑下規劃櫃體修飾，然而倘若坪數有限，又擔心空間變得狹隘，不妨參考此案做法。設計師於大樑下以間接照明予以化解，同時運用訂製床座的概念，達到兼具收納的效果。圖片提供©陶璽空間設計

**搭配技巧**｜運用淺色木紋搭配清爽的藍色刷飾牆面，讓小空間產生明亮放大的效果。

391

392

**破腦煞**

## 392 房間雖小福氣俱全

在狹小的空間中，床頭上方偏有大樑橫跨。設計師選擇以門片、收納櫃及層板的方式，將屋樑完全包覆於櫃體中，並讓整片牆有更多元的運用。床頭處為小孩衣櫃，另邊櫥櫃也能容納大量玩具，訂製書桌和層板相得益彰搭配，創造了福氣滿滿的好格局。圖片提供©采荷室內設計

**設計plus**｜以門片、收納櫃及層板的多重組合，讓屋樑包覆於櫃體，也讓牆面運用更顯層次。

玄關、走廊、陽台篇

客廳篇

餐廚篇

更衣間、衛浴篇

臥房篇

書房、其它篇

**393**

**394**

**395**

**破腦煞**

### 393 克服煞氣建立光感起居空間

位在客廳電視牆之後的空間,因考量到上方天花板有大樑縱橫其中,因此將此區地板架高劃分區域,以上掀式收納櫃增加物品擺放空間,架高區則成為可坐可臥的起居室,因無固定座臥位置,即使有樑在上方也不構成威脅。圖片提供©南邑設計事務所

**設計plus** | 藉由地板架高能劃分區域,遠離天花大樑所形塑的煞氣。

**破腦煞**

### 394+395 小而美無煞房最好睡

房間狹小擁擠,床與大片窗戶相鄰不易入眠。原案臥房偏小,幾乎少有空間可以收納,加上近窗戶的一側上方有樑且下方有柱,在有限的運用空間下,設計師以巧思將柱子以收納櫃包覆其中,且隱形收納門完全不造成視覺負擔。圖片提供©南邑設計事務所

**設計plus** | 床邊柱子矗立,增添睡眠安全感,也不易受窗外光線干擾,反轉了不佳的風水格局。

**96**

破腦煞

### 396 加寬樑身為空間界定

橫貫房內的大樑雖可將床位移至別處，卻難以避免的位於閱讀區上方，設計師將大樑加寬並降板，佐以格柵做造型，化解樑壓煞氣，而具有層次的天花也為房內空間做出界定。圖片提供◎于人空間設計

**材質使用** | 床頭壁面的木紋貼皮與超耐磨木地板相互呼應，也營造沈穩的睡眠空間。

破腦煞

### 397 間接燈光修飾樑柱化解壓迫

主臥內以簡約設計為主軸，房內四周環繞大樑形成風水煞氣。設計師運用窗邊大樑結合臥榻猶如畫框成為一處風景，而床頭的大樑下方則加厚床頭板，並運用壁上的圓形梳妝鏡向上做間接燈光修飾樑柱，減少壓迫感。圖片提供◎于人空間設計

**設計plus** | 窗邊臥榻不僅運用大樑形成一處風景，下方更配置抽屜強化房間內的收納機能。

**397**

破腦煞

## 398 修飾樑柱破解煞氣

因為房間空間有限，使得床鋪只能擺放於大樑下，形成容易影響睡眠的破腦煞氣，設計師在樑下做弧狀延伸，並在其中運用間接燈光給予視覺獨特感受，巧妙地解決屋主在意的風水忌諱。圖片提供◎伏見設計

**施工細節**｜樑下做弧狀延伸，亦可象徵圓圓滿滿之意。

破腦煞

## 399 弧形包樑的好眠空間

因為主臥並不寬闊，導致床頭得位於大樑之下，犯了風水中的破腦煞，設計師以弧形包樑並以湖水綠牆面營造舒眠環境，並以無門展示衣櫃增加室內的迴旋空間。圖片提供◎伏見設計

**搭配技巧**｜刷色湖水綠牆面營造舒眠環境，讓主人睡的安穩、不易多夢。

## 400 由壁面延伸包覆化解大樑

一般解決樑壓最好的方法是移動床位，但如果房間空間
有限則可透過修飾樑柱的方式改善。此次設計師別出心
裁由壁面向上延伸天花，以弧形如同花開的姿勢包覆樑
柱，並使用間接燈光營造舒適宜人的睡臥空間。圖片提供
◎伏見設計

**設計plus** | 如同花開的姿勢弧形包覆樑柱，解決煞型忌諱。

## 401 運用光線削減大樑壓迫感受

樑壓不僅在格局外顯的工業風格居家，也常出現在一般家中，此案主
臥內床頭的大樑，設計師以加厚床頭板與閱讀燈消減風水煞氣；並且
延伸工業風格於主臥內，以黑色為基調打造暗房，而靚黑色的人字拼
木地板也展現出時髦不羈的個性感。圖片提供◎法蘭德室內設計

**設計plus** | 明廳暗房不僅是風水中的一大原則，用光線劃分空間主副地位
也能完美突顯室內的動線與層次。

玄關、走廊、陽台篇

客廳篇

餐廚篇

更衣間、衛浴篇

臥房篇

書房、其它篇

**破腦煞**

## 402 樑柱形塑畫框解消樑壓忌諱

120坪的度假宅設定為假日休閒民宿風格，在有如青年客棧房間的臥房之內，設計師運用樑柱之間排列四個床位形塑畫框視覺，並加厚床頭板與運用間接照明化解樑壓的風水忌諱。圖片提供◎法蘭德室內設計

**設計plus |** 擅用明亮採光，提升空間整體的溫度，在現代風與北歐語彙的交融之下，也讓家充滿了國外Hostel的溫馨與質感。

402

**破腦煞**

## 403 床頭櫃避樑又強化收納

床頭樑壓是小空間常碰到的風水問題，在此案中床頭有頂上樑壓的風水問題，設計師以床頭櫃化解此忌諱，其上方可以做書架擺飾，內部則可收納換季衣物與棉被，讓小空間的收納倍增。圖片提供◎樂青室內裝修有限公司

**搭配技巧 |** 床頭櫃延伸成書桌使用，不僅節省空間也令視覺更為一致。

403

**破腦煞**

## 404 虛化樑線呈現璀燦黑白

由於在臥房的天花板上有橫樑交錯的問題格局，為了改善並虛化樑線帶來的視覺壓迫感，設計師先利用床頭造型避開橫樑，再將左右兩側的大樑轉化為護翼般的造型，讓床位上方擁有最舒適的屋高與視線。圖片提供◎藝念集私設計

**設計plus |** 床頭以黑白配色與線條造型呈現現代設計風格，搭配左右二盞吊燈輝映出的水晶光芒，點出些許奢華美感。

404

05

## 405 避樑加裝收納櫃一舉兩得

小孩房因為床上位置有樑柱,犯了風水中樑壓的忌諱,在無可避免的情況下,設計師將床頭板加厚避開樑柱,並於上方配置與樑同寬的櫃體,既能避開煞氣危機也增添收納功能。圖片提供◎築青室內裝修有限公司

**搭配技巧** | 床頭壁面漆上水藍色與書桌椅互相搭配,也令睡臥空間更顯清新。

玄關、走廊、陽台篇

客廳篇

餐廚篇

更衣間、衛浴篇

臥房篇

書房、其它篇

**破腦煞**

# 406 屋樑下方化作書桌臥榻區

臨外牆的結構大樑在視覺上顯得壓迫，而床頭旁的柱體同樣產生畸零感。為了改善格局增加空間機能性，將窗邊規劃為觀景臥榻區，且向左側延伸配置書桌區；略為加寬的天花飾板，加上厚實結構柱作為靠牆，讓窗邊自成一區，搭配低檯度傢具，一體成形的姿態及窗外景觀，呈現舒壓畫面。圖片提供◎森境＆王俊宏室內設計

**搭配技巧**｜偌大窗景與傢具陳設，轉移了屋高不足的感受。

**破腦煞**

# 407 圓而不方，化煞有方

坪數不大、不寬敞的臥房空間，要選擇適當位置放雙人床，卻無法避免床上有大樑的「破腦煞」，容易影響睡眠品質。設計師用將方化圓的技巧，利用造型修飾大樑所帶來的視覺壓迫，讓人睡在床上不覺得上方有樑。圖片提供◎原木工坊

**設計plus**｜將大樑的正方形角度用圓形修飾，化解破腦煞，也不會因為要包覆樑柱而打造降低高度的天花板。

## 408 階梯式天花板將樑神隱於無形

此案因為臥房中難得有大片窗戶，窗戶前設計了一個長條坐椅，而靠牆放置的床鋪如何能避開大樑，考驗設計師功力。設計師將樑做成天花板的造型層次，讓人看起來是天花板刻意做成兩層，大樑完全消失無蹤。圖片提供◎原木工坊

**搭配技巧**｜規劃階梯式天花板，並選用呼應地板的原木貼皮，搭配造型吊燈，完全看不出「樑」位在何處。

## 409 圓弧修飾省力化煞

大空間的主臥有獨立衛浴和通風採光的窗戶，為了不擋到窗戶，衣櫃做在另一面，如此一來，只剩一面有大樑的位置可以放雙人床，設計師將樑的直角修飾掉，讓它成為牆面銜接天花板的造景。圖片提供◎原木工坊

**設計plus**｜將樑的正方體修飾成圓弧形，牆面、樑柱、天花板合為一體，柔和了視覺角度，也成功化解煞氣。

408

409

玄關、走廊、陽台篇

客廳篇

餐廚篇

更衣間、衛浴篇

臥房篇

書房、其它篇

**410**

## 410 屋樑下做置物櫃避免壓床

為了避免躺在床上抬頭向上望正上方就是一根樑,設計師將單人床往右移開,在牆面與床鋪之間放入置物櫃,被床擋到的櫃體則利用抽屜式開合,既有了充足的收納位置,又能夠化解樑壓床的風水忌諱。圖片提供 ©原木工坊

**施工細節** | 將床移開大樑下方,空間做置物櫃,上層為開放隔間,下層則因為被床擋住,改以側面抽屜式收納。

**414**

## 411+412+413 改造樑柱，空間更圓滿

避免樑在床上方形成破腦煞的解決方式之一，就是將床往前移動，此案將樑柱與床板間的空間充分利用，作為收納櫃與床板，甚至在左側床頭旁邊做一個閱讀或化妝桌，讓空間獲得圓滿的平衡。圖片提供 ©丰越室內設計有限公司

**施工細節** | 收納櫃刷成白色，可和上方大樑整體呼應，淡化大樑；床板及桌子則與房門採用相同材質，營造視覺一致性。

411

412

413

## 414 造型加燈光，吸睛化煞

床頭上方就是樑，擾亂主人的思緒，就把樑用設計來讓它變不見吧！用多邊形來淡化樑的直角，此外，設計師在牆面內側嵌上燈帶，使牆板的紋理更顯得有層次。床頭櫃與書桌的連成一體，也讓床頭兼具實用功能與設計質感。圖片提供©丰越室內設計有限公司

**設計plus** | 將樑修飾與下上牆面、桌子、展示架合為一系列，加上間接照明的燈光，完全聚焦在整體造型而忽略大樑的存在。

**破腦煞**

# 415 樑下聰明運用，滿足生活需求

房間樑柱橫生容易令人產生壓迫，噩夢連連，但受限於空間有限往往難以化解。
房間四周有樑柱，因此設計師在裝潢時，將床頭增厚，設置展示空間，而側邊柱
體下方則為層架與收納櫃，另外設計師也將木板墊高，下方以拉式抽屜增加收
納，這些不僅調整風水禁忌也讓房內機能倍增。圖片提供◎禾光室內裝修設計

**施工細節** ｜ 床位側邊柱體作為層架與收納櫃，也將木板墊高方便收納。

416

417

破腦煞

## 416+417 斜面天花擋煞兼具設計感

主臥內天花上前後有兩座大樑，不論床的位置放哪裡都無法避免頭上有的樑壓煞氣。設計師只能運用設計巧思來解決這樣的問題，將房內一面做衣櫃，並以斜面天花修飾頂上樑柱，讓樑柱整個被包覆，並於床頭做上間接照明，令設計線條立體有層次。圖片提供◎禾光室內裝修設計

**設計plus** | 聰明適當的使用間接照明，會展現出立體層次感。

破腦煞

## 418 雲朵天花，讓孩子有香甜好夢

本案為兒童房，學齡前的兄弟住一起，由於學齡前保留未來房間可變更的彈性，設計上採簡單、活動式傢具為主。格局上恰巧床上樑壓，設計師運用雲朵造型的天花板嵌入間接光源，為簡單房間注入活潑的元素，並且化解煞型。圖片提供◎德本迪國際設計

**搭配技巧** | 以雲朵造型的天花板化解樑壓煞，輕鬆活潑的處理方式，讓簡易的兒童房顯得更為溫馨童趣。

418

玄關、走廊、陽台篇

客廳篇

餐廚篇

更衣間、衛浴篇

**臥房篇**

書房、其它篇

419

**破腦煞**

## 419+420 化解房內大樑又展示簡約

一般床上有樑甚或是房內有大樑，皆是大家常注意的風水禁忌，從科學的角度上則是容易產生壓迫造成居住其中者的心理壓力，因此設計師於床頭位置延伸樑柱而下形成床頭櫃，並運用間接照明展示設計，而側邊樑不做傳統倒圓，切45度角延續天花令房間呈現簡潔感受。圖片提供◎里歐室內設計

**施工細節** │ 主臥房內頭頂與側面有大樑，容易導致樑壓破腦煞，容易使居住其中的人產生病痛，施工時需格外注意。

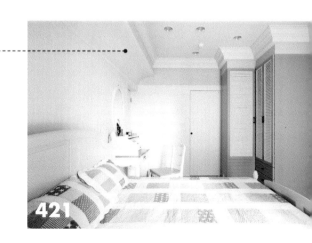

420

**破腦煞**

## 421 用木作柔化直沖而來的煞氣

面積有限的主臥，因風水師指示屋主每隔兩年就要換一次床位。因此室內設計師規劃了兩道床頭背牆，白色木牆是第一床位，因面積有限且便於調換床頭，捨棄了用櫃體隔開床頭的手法，僅利用白色的弧狀木作來修飾上方寬約50公分的橫樑。圖片提供◎亞維設計

**設計plus** │ 房內的白色木牆也巧妙隱藏了直沖兩個床位的廁門。

421

## 422 雙樑交會，順勢區隔並避開

臥房內的橫樑將天花分成左右兩半，若為了避開這根樑與門窗，床頭又會遇到背牆上方露出的另一根橫樑。設計師於樑下右半側打造衣櫃與層架，使臥房內部形成一個半開放的更衣間，供女主人在此化妝、更衣；至於床頭上方的橫樑，則利用奶油色線板造型牆的深度來避開。◦ 圖片提供©亞維設計

**搭配技巧** ｜利用橫樑深度吊掛空調設備，讓空間利用達到完善。

玄關、走廊、陽台篇

客廳篇

餐廚篇

更衣間、衛浴篇

臥房篇

書房、其它篇

**破腦煞**

## 423 去除樑壓坐臥更心寬

喜愛北歐風的單純與溫潤，當然也能在臥房中輕鬆實現這般的好氣氛。床頭上方的樑柱，以木頭材質的藝品展示空間加上衣物收納櫃的多功能，輕鬆去除煞氣，更讓木質的雅樸，流洩一室。圖片提供◎陶璽室內設計

**設計plus**｜木質的雅樸，流洩一室，更添空間中的穩重與安心感。

**423**

**破腦煞**

## 424 圓弧修樑輕巧有型，空間小也不怕

本案為兩房格局，主臥狹小，完善衣帽空間後，主臥的深度，無法再做床頭櫃，設計師透過木工的修樑，將原本樑直角會對到頭頂的地方，採用圓弧形的修整處理，再於樑角處崁入柔和光源，使得原本較為顯得陰暗處，明亮了起來。圖片提供◎錡羽創意空間設計

**施工細節**｜當空間狹小，床頭樑壓直角對頭時，在不變動格局下，修飾樑柱是最好的化煞方式。

**424**

## 425 上掀收納床頭櫃，平日、換季都好用

主臥的樑壓床，設計師在床頭訂製一上掀收納櫃，深度符合樑寬也解決不良煞型，更作為屋主換季枕被與衣物的收納空間。另外，屋主有睡前閱讀的習慣，希望擁有一組閱讀燈，但又擔心家中孩子太小，採用壁燈會造成危險，於是設計師在原有的樑上設計一組與天花板水平一致的床頭燈，做為閱讀光源，將原本的格局再加利用。圖片提供◎錡羽創意空間設計

**設計plus｜**床頭收納屬換季時才用，平日則變成屋主可隨手置物的床頭櫃，是相當方便的實用設計。

425

破腦煞

## 426 俐落修樑，輕鬆化解樑壓床

此臥房由於空間上較為狹小，格局上並不適合再做床頭櫃來處理壓樑問題。再者，屋主也希望保持空間的簡潔舒適。於是設計師在床頭處牆面上，設計一組淺木色的腰板造型，做出床頭的輪廓；另外，上方樑壓處以圓弧造型修樑，化解樑壓床頭的煞型，同時保持整體空間簡單、乾淨的視覺效果。圖片提供◎錡羽創意空間設計

**施工細節｜**上方樑壓處以圓弧造型修樑，達到俐落且大方的修飾效果。

426

**破腦煞**

# 427 輕量化設計，樑壓床也不怕

臥房有一深度達55公分的大樑，導致樑壓床
頭，所幸室內空間尚足，設計師將床頭收納以
上、下櫃的形式，不將櫃體整面做死，達到輕
量化的概念。上櫃作為屋主嚮往的冬天換季置
物空間，無把手設計，讓視覺更為簡潔，下方
嵌入投射燈作為男女屋主睡前的閱讀光源；中
間腰板處留白，下櫃除了收納機能外，平時作
為隨手的置物平台。圖片提供©德承設計

**施工細節** | 將床頭收納以上、下櫃的概念作為設
計，更容易讓櫃體達到雙重功用。

**427**

**430**

## 428+429 大片原木片隱藏門中門

許多人都喜歡在臥房裡設置更衣間，能有足夠空間收納衣物，並有充裕空間梳妝。但臥房裡更衣間的門便形成門中門的「迴風煞」，有爛桃花及感情糾葛的隱憂。此案利用與衣櫃同材質的隱形門片來做為更衣間入口，化解迴風煞。圖片提供◎原木工坊

**設計plus** | 利用與原木衣櫃同樣花紋，打造更衣間的進門，當門關閉時，與衣櫃融合為一體，完全看不出後面別有洞天。

## 430 封窗解煞，活動門片不減自然採光

房子有三面採光，考量樑柱位置，只能將床頭設置在窗前，但又會造成是非煞，使人睡眠時難心安。因為無法調整床位，只好封窗化解，但顧及室內採光，因而以活動門片的方式解決睡眠時的心理顧慮，平常時間便可開啟引入自然光。圖片提供◎杰瑪設計

**設計plus** | 特意在床頭拉出深度規劃上掀式收納櫃，順勢拉開床頭與窗戶的距離。

**廁所門沖床**

## 431 一隔兩用，又是屏風又是鏡

女主人的臥房受到格局限制，床的擺放對到廁所門，廁所門沖頭，易造成睡眠品質不佳，精神渾噩，甚至是相關疾病，實屬大忌。設計師利用隔屏化解煞氣，同時滿足女主人的生活習慣，隔屏的設計上，面床端以鄉村風格的碎花貼壁烤漆與整體色調做呼應；面門處則是利用格屏另一端加裝大型鏡，滿足女主人希望臥房有整面鏡卻又不想照到床的需求。圖片提供©德承設計

**設計plus** ┃ 以鄉村風格的設計風格讓臥房空間保有簡潔、溫馨的舒適感。

**陽台外推煞**

## 432 以玻璃拉門取代制式落地窗

臥房附屬陽台的一端深度為90公分，另一端卻僅有30公分，難以使用，但臥房又需要利用這空間來舒緩窄迫感。若直接納入陽台，臥房就會不方正且犯風水忌諱；因此，敲掉原有的落地窗，改用兩扇面寬150公分的清玻璃拉門來界定內外。圖片提供©齊禾設計

**設計plus** ┃ 無地軌的懸吊式門片、延伸的地坪，讓視線得以無礙地延伸至陽台，臥房因此變得寬敞、明亮又舒適。

**433**

# 433+434 一門兩用，巧增梳妝空間

由於臥房格局限制，衛浴門對到床，污穢之氣直衝身體，對於身體健康實有不良影響。設計師為了解除煞沖疑慮，將L型鐵件造型的拉門當作屏風，化解煞氣；另外於拉門的同側，做一等距寬的梳妝空間，一門兩用，滿足屋主生活需求。圖片提供◎錡羽創意空間設計

**設計plus**｜衛浴門穢氣直衝床中，設計造型拉門，便可有效化解煞型。

**434**

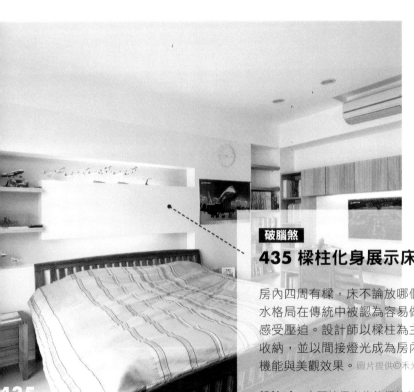

**435**

# 435 樑柱化身展示床頭設計

房內四周有樑，床不論放哪個方向都難以避免壓頭煞氣，這樣的風水格局在傳統中被認為容易做惡夢，以科學上的解釋亦是心理容易感受壓迫。設計師以樑柱為主體，運用垂直而下的凹洞做層板櫃體收納，並以間接燈光成為房內焦點修飾樑的落差，不僅化煞也兼具機能與美觀效果。圖片提供◎禾光室內裝修設計

**設計plus**｜間接燈光修飾樑柱的不平感，讓空間更有溫潤的情感聚焦。

玄關、走廊、陽台篇

客廳篇

餐廚篇

更衣間、衛浴篇

**臥房篇**

書房、其它篇

436

**對門煞**

## 436+437 隱形門片消弭
## 對門煞的壞能量

臥房的兩門相對，形成了風水禁忌中的對門煞，會有發生口角的隱憂。利用客廳電視牆的面寬製造空間寬度，並將房門轉向，讓房門與電視牆在同一側，將格局整合避免破碎化，化解房門對房門的不良風水。圖片提供◎杰瑪設計

**設計plus** | 巧秒使用隱藏門片的設計讓房門得以融入牆面視覺。

437

**438** **After**

## 對門煞
### 440 破解對門煞，房間加倍大

當家中房門相對時，口角是非容易多。因家中成員的使用需求，將格局重劃，原本客廳位置變為主臥，而房門相對的房間，一間改為與主臥相連的更衣間，不僅空間變大，也化解平時門對門的忌諱。圖片提供◎明代室內設計

**設計plus**｜空間格局重劃，改善房門相對化解風水忌諱。

## 對門煞
### 438+439 以無框門片，化解對門煞

在狹長的廊道上，主臥對客房、房門對房門，對於風水學來說屬於對門煞，家中容易有口舌是非。因為走廊本來已經十分狹窄，再加上屋主不希望大興土木調整格局，因此設計師運用隱藏式門框設計，使牆面完整，讓房門化於無形，也化解了這樣的風水煞氣。圖片提供◎禾光室內裝修設計

**設計plus**｜設計師運用淡木色的地板與白色牆面，使得空間視感擴大，廊道盡頭的一幅畫更是成為視覺焦點。

**439** **Before**

**440**

玄關、走廊、陽台篇

客廳篇

餐廚篇

更衣間、衛浴篇

臥房篇

書房、其它篇

**441**

對門煞、鏡門煞

## 441+442 兩用櫃體扭轉乾坤

30坪左右居宅中，主臥與衛浴間正面相對，形成了易使屋主疾病纏身的對門凶煞。設計師以音響收納取代電視櫃，打造低調華麗的機能牆面，兩面式的收納設計間隔及串聯睡眠區與衛浴間，形塑流暢的起居動線。圖片提供©奇逸設計

**設計plus** | 兩面式弧面櫃體阻隔了床原本曝露出的諸多風水煞氣，扭轉了不良格局，重新創造生活起居好能量。

樑壓煞、尖角煞

## 443 紫羅蘭鄉村風情，創造好眠臥房

床頭上方有樑，易造成屋主神經衰弱、不易好眠。此案床頭上方原有大樑橫亙，設計師用巧手設計鄉村風櫃門，化解樑下沈重壓力，床頭多了層架更完美避開大樑衝腦的位置，紫色柱牆以弧線修掉了視覺上尖角，重塑了寢居的浪漫好眠。圖片提供©奇逸設計

**搭配技巧** | 床頭退縮20～30公分避開樑下壓迫感，並以櫃體取代，輔以溫潤間接光源，扭轉原本的不良煞氣。

**443**

**壁刀煞**

## 444 大樑轉為階梯造型設計

臥房內雖已將床位避開大樑下方，但是量體不小的側樑仍會形成視覺的壓迫感。為了減緩大樑造成的突兀視覺，利用樑下規劃出儲物櫃，再搭配化妝桌檯設計，層次漸進地虛化了大樑壓頂的不適感。圖片提供© 藝念集私設計

**施工細節**｜白色櫥櫃、化妝檯區與天花板寬厚的大樑形成階梯般造型，雖無法完全遮樑，但視覺上已有緩減效果，並且大大提升機能。

**445**

**鏡床煞**

## 445+446 活動式畫作，遮蔽鏡子的反射煞氣

若床鋪正對鏡子，易影響睡眠品質同時招來不良桃花。而電視鏡面的反射與鏡子相似，同樣會有鏡子照床的疑慮，設計師依電視的固定尺寸訂製活動式畫框拉門，只要不使用就能關起成為藝術畫作，避免與鏡面相對造成的風水煞氣。圖片提供◎趙玲室內設計

**施工細節**｜電視訂製活動式畫框拉門，只要不使用就能關起成為藝術畫作，解決鏡面相對的問題。

**446**

**447**

**鏡床煞**

## 447+448 開闔自如的線板拉門，化解鏡床煞

鏡子因具備反射的特性，在風水學理中有諸多禁忌。此案雖然梳妝鏡
並未直接與床相對，但對到房門依然容易有漏財煞氣，設計師多增設
了線板拉門，並在角落處增設鹽燈，降低煞氣影響，杜絕潛在的不良
風水。圖片提供◎趙玲室內設計

**設計plus** | 線板拉門隨時「關」住鏡子的反鏡能量，並增設鹽燈，讓居住者
注意力能更為集中。

玄關、走廊、陽台篇

客廳篇

餐廚篇

更衣間、衛浴篇

臥房篇

書房、其它篇

**鏡床煞**

### 449+450 梳妝檯加裝門片化煞又美觀

在風水中，鏡子屬性為陰，鏡子對床頭容易使人體陽氣分散，為不安的臥房風水煞氣，梳妝檯的鏡子正對床頭，半夜醒來容易被自己的身影受到驚嚇，有損害健康的風險。美式風格的臥房內，設計師將鏡子加上白色門片化解鏡床煞氣，門片打開還可以多角度梳妝十分便利。圖片提供◎伏見設計

**設計plus**｜梳妝檯鏡子對床時，增設活動門片，可避免風水疑慮。

## 451+452 工業風門片遮擋
## 電視鏡面化煞

工業風的主臥，因為屋主希望床前方能
放置電視，但又有鏡對床的風水忌諱，
設計師運用木質門片遮擋化解煞氣，也
完整工業風型格，而左側的化妝鏡也可
開闔增加收納空間。圖片提供◎伏見設計

**設計plus** | 木作門片遮擋化解煞氣，且質感
能完整形塑工業風表情。

451

452

玄關、走廊、陽台篇

客廳篇

餐廚篇

更衣間、衛浴篇

臥房篇

書房、其它篇

453

**鏡床煞**

## 453+454+455 內藏電視與化妝檯的貼心設計

主臥面積有限，扣掉床位、採光窗，開設衛浴間入口的牆面，僅剩下有橫樑通過的立面可配置衣櫃。屋主習慣睡前看電視節目，女主人希望房內擺化妝檯，設計師安排櫃體將電視嵌在抽拉櫃的正面，鋼刷木皮拉門讓立面變乾淨，化解螢幕與鏡面反射的禁忌。圖片提供◎木光室內裝修設計

**設計plus│**抽拉櫃拉出後側邊可收納，避免浪費空間以及隔板住擋視線，化妝檯還可調整鏡子角度。

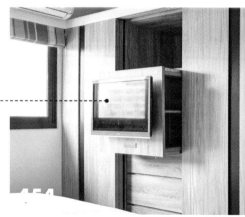

454

455

456

45

**鏡床煞**

### 456+457 拖拉鏡巧思，化解鏡床煞再增收納空間

狹小的主臥加上原建商衣櫃的設計位置，鏡面都會對到床，形成鏡床煞，除了影響新陳代謝，也會讓睡眠品質大幅降低，甚至還會造成夫妻口角等問題。設計師為了不影響原有的衣櫃收納，運用木工將梳妝檯的鏡面做成拉鏡，平時藏入收納層板之後，化解其煞，又多了層板空間，讓女屋主的飾品與化妝品多了一處好拿易放的收納空間。圖片提供◎錡羽創意空間設

**設計plus** | 當房間格局受限，梳妝檯的鏡子無論如何會對到床時，擅用拉鏡，便能巧妙藏入收納層板，解決煞氣。

玄關、走廊、陽台篇

客廳篇

餐廚篇

更衣間、衛浴篇

臥房篇

書房、其它篇

**458**

**鏡床煞**

## 458 繽紛牆面擋掉煞氣，帶來夢幻美好

開放式場域因缺乏阻隔，最容易形成各式各樣的風水煞氣，此間臥房床角對鏡，同時也有廁所門衝床的隱憂，設計師運用鄉村風特有的繽紛感，以不同花色、材質、色彩的造型牆面巧妙化解空間煞氣。圖片提供◎采荷室內設計

**設計plus** | 臥房空間過於通透，以致床角對上鏡子形成鏡床煞，大膽採用各式繽紛元素，重塑臥房美景。

**懸劍煞**

## 459 柔和壁燈軟化空間氛圍

主臥捨棄間接燈光設計，也避免直接規劃於床鋪上方的照明設計，防止身體多病痛的風水忌諱。而是利用床頭牆面兩側裝設壁燈，透過柔和的光線提供睡前閱讀，另外搭配淡雅的碎花壁紙貼飾、白色傢具的運用，空間顯得溫馨清爽。圖片提供◎采荷室內設計

**設計plus** | 大面積的灰藍牆色延伸至主臥，櫃體也飾以淡淡的藍色調，空間富有層次與溫度。

459

**460**

### 鏡床煞、沖床煞

## 460 百變梳妝牆面化解床邊煞

寧靜的臥房空間忌諱床頭或床腳對門、鏡,也不宜房中有房招來小三的壞氣場,設計師創造了宛如變形金鋼的梳妝牆面,使其一邊連結更衣間,一邊串起衛浴間,正面則有化妝鏡,讓所有煞氣隱匿於牆面中,還給主人最舒適的睡眠品質。圖片提供◎奇逸設計

**材質使用** 門片與牆面、櫃門、鏡子拉門全以直條木紋,作為一致的材質樣式,包覆了所有煞氣也形塑出寧靜禪意。

### 懸劍煞

## 461+462 暖光嵌燈打造一室寧馨

為維持睡眠環境的純淨,臥房只置入雙人床與床頭櫃,至於基礎照明,則利用鑲嵌在天花邊緣的嵌燈。主臥床鋪因屋主自選的床架沒有床頭板,設計師在床頭後方沿著牆面下半部選用染黑橡木來打造深15公分的背牆,強化睡眠品質。圖片提供◎齊禾設計

**搭配技巧** 全室僅在窗邊與睡眠區的天花邊緣內鑲暖光嵌燈,透過打亮局部區域的照明手法方式來提升空間質感。

**461**

**462**

**463**

**464**

**對門煞**

## 463+464 與牆同款，隱藏門解煞好輕鬆

走廊共有五扇門，分別為右邊兩扇女孩臥房、走廊盡頭的廁所門以及左邊的主臥、更衣間入口，數門相對形成「品字煞」，容易造成家人離心、口舌是非多。設計師將其中主臥與更衣間的兩扇入門口，運用與牆面同款材質的隱藏門化解。圖片提供◎浩室設計

**材質使用**｜多門相對，形成品字煞，設計師將主臥與更衣室入口的兩扇門以與牆面同樣材質的隱藏門化解之。

**465**

**入門見主臥**

## 465 典雅質感隱藏門，化煞增好運

本案入門見主臥，亦即無防人之心，容易造成錢財流失，而屋主對於居家要求包含風水與舒適度，希望整體感受是放鬆的美式居家風格。設計師打造與背牆同樣色系的可可色隱藏門，輕鬆化解煞型，視覺上乾淨且典雅。圖片提供◎浩室設計

**搭配技巧**｜運用與背牆同色、同設計概念的隱藏門化解煞型，完美呈現典雅放鬆的美式鄉村風格。

**廁所門沖床**

## 466+467 視覺變乾淨，主臥就放鬆

白色牆面為主臥衛浴，正對床，對於居住者健康有不良影響。設計師運用隱蔽手法，將主臥衛浴藏於白牆之後，牆面上還可當作留言板，是男女屋主的生活中的小情趣；另外木色牆面將更衣間亦完整包覆，讓主臥視覺顯得乾淨和放鬆。圖片提供©一水一木設計

**設計plus** | 運用隱蔽手法，將主臥衛浴與更衣間藏於雙色牆面之後，化解煞型；白牆的留言板功能，成為屋主的生活小樂趣。

468

469

470

**破腦煞**

## 468+469+470 超深床頭收納，化解樑壓疑慮

本案床頭有一支大樑，設計師預先設定床的高度，於床頭上做一深達70公分的床頭櫃，上櫃設做吊衣服桿，換季時可將衣服整批移入；下櫃做上掀式收納，不常用的包包、行李箱、枕被都可以收納其中，機能相當便利。圖片提供◎德本迪國際設計

**設計plus** ｜ 櫃體分上下，上為衣櫃般的吊衣空間；下為上掀式收納，擺放不常使用的物品。

## 471 間接照明小夜燈，溫馨女孩房

美式鄉村風的女孩房，床頭有樑，設計師使用圓弧修樑的方式化解煞型，另外，邊側的造型挖空天花植入間接照明，弧狀造型的挖空，不止與圓弧修樑處相呼應，間接照明的隱蔽光源，不會直接對到床面，當作小夜燈，十分貼心。圖片提供◎德本迪國際設計

**搭配技巧** | 以圓弧修樑與邊側的造型挖空天花做呼應，挖空處植入間接照明作為小夜燈功能。

471

玄關、走廊、陽台篇

客廳篇

餐廚篇

更衣間、衛浴篇

臥房篇

書房、其它篇

破腦煞

## 472 機能性床頭櫃，化煞且好用

本案床頭有大樑且屋主有大量收納的需求，喜歡家中看起來整潔無雜物。設計師於樑下訂製深達45公分的床頭收納，化解煞氣；床頭收納由於深度非常足夠，分成可以自行調整高度的層架作為上櫃，另外，上掀式的下櫃，則預作為大型枕被、換季衣物的暫存空間。圖片提供◎一水一木設計

**施工細節** | 強大機能的床頭收納，分成可自行調整高度的上櫃，以及上掀式的換季收納下櫃，化解煞型，機能性十足。

472

473

破腦煞

## 473 溫馨實用櫃，親子關係暖烘烘

兒童房內床頭大樑，深達32公分，設計師為孩子的床頭做上整面機能床頭收納，其中包含側邊大量的收書層架、上櫃的換季衣物收納以及可隨手置物的平台，同時加裝照明設備，方便親子的床頭故事時間，溫馨實用，避免樑壓影響睡眠。圖片提供◎一水一木設計

**施工細節** | 整面機能床頭收納，換季、置物、照明，一應俱全，方便睡前床頭故事，增進親子關係。

破腦煞

## 474 薄型床頭平台，隨擺隨放

樑壓床頭容易產生偏頭痛或腦部方面的疾病。本案床頭上方有一支小樑，整體深度並不適合再做收納櫃體，於是設計師以板包樑後，巧妙拉出約10公分深的平台，邊處放上屋主習慣的睡前閱讀書籍，其它部分則成為睡前隨手置物的機能平台。圖片提供◎浩室設計

**施工細節** | 床頭上方有一小樑，設計師以板包樑後，製造深度約10公分的平台，供屋主擺放睡前閱讀的書籍與小物。

474

## 475 斜度天花板，解煞好巧思

此空間為親子同樂室，屋主的小孩尚處於爬、走階段，屏除安全疑慮、方便孩子玩睡及長輩休憩，採取較為安全的和室規格。和室的另一端有樑柱橫跨，形成樑壓床之煞，容易影響睡眠的安穩，因此，設計師以樑為最低水平向上，形成帶有斜度的天花板，保留和室的清爽亦化解煞型。圖片提供©一水一木設計

**施工細節** | 樑為最低水平向上，形成帶有斜度的天花板。

475

### Chapter 6　書房、其他篇

# 煞 型 衝 突

## 476.樑壓書桌

桌椅位置的擺放要參考室內的樑柱位置，座位上方需避開大樑，以預防樑壓帶來的思緒不集中等負面影響。書桌擺放避免正對窗戶或背靠窗戶，以免思緒複雜無法專注，但可選擇位在窗戶側邊，但窗戶要避開西斜熱，因西斜陽光猛烈，令人煩躁而無法潛心學習。插畫◎張小倫

### 化解法

背後可靠牆或是書櫃，提升環境的安全感。如果書房不方正，或是顏色偏暗或過於鮮豔，也都會影響心情。

## 477.書桌沖門

書房的門務必避免和廁所、臥房及瓦斯爐相對，沖到廁所、瓦斯爐，易頭昏眼花，思路不通，沖到房間則容易好逸惡勞，變得怠惰好玩。插畫◎張小倫

### 化解法

避免這些煞氣，最好的方式便是修飾門片，或懸掛文昌能量的綠色門簾或屏風。

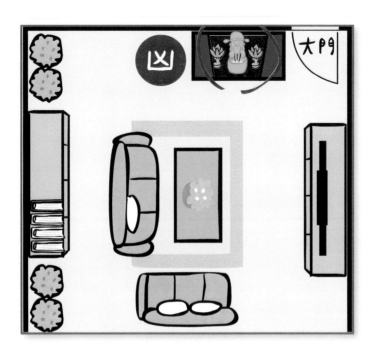

# ✕ 修飾調整

## 478.神桌沖門

門對於神桌同樣也有著嚴重的風水忌諱，不論是臥房門、廚房門、廁所門等，若直線與神桌對到，或與門相鄰，都是大大的不敬，且神桌屬於藏風納氣的場域，對到門、對到窗都讓財氣難存，家人彼此也會因金錢起衝突。插畫◎張小倫

### 化解法
設計小小圍牆或屏風，修飾相沖的煞氣。

## 479.神桌靠窗

不宜靠窗的除了沙發、床及瓦斯爐、冰箱外，神桌背後亦不可為窗戶，因為窗在風水中象徵另一個空間，是無形體的，神桌若無靠，將使家人丁凋零。另外因後房無靠，難以聚氣，工作往往付出多回收少。插畫◎張小倫

### 化解法
最好能另覓適合的神桌位，或將窗戶重新粉刷封住。

**尖角煞**

# 480 弧狀曲線化解空間尖角煞

空間中因樑、柱、牆的橫豎交錯，形成風水上的「尖角煞」，容易產生無形壓力與精神耗弱。此案為緊臨客廳的書房，坪數不大但天花上方有樑柱造成煞型，設計師以弧線手法將直角處修飾為S曲線，與地面入口相互呼應並搭配柔和色調，創造出舒適且易於專注的吉祥格局。圖片提供◎采荷室內設計

**施工細節** │ 以鄉村風常用S形弧線巧妙修飾，讓天花與地板線條不再冷硬死板，化解樑柱造成的尖角煞，多了圓潤好氣象。

480

481

482

## 481+482 小巧神明廳的天花玄機

考慮到中式神桌與整體裝修鄉村風調性不符，裝修時作了局部隔間將偌大的客廳隔出神明廳與走道，但通過神明廳上方的橫樑，容易形成庄頭煞，造成視覺壓迫，設計師以白色木作封住；入口處的天花利用天花裡的空間加設空調迴風口，有助於消除燃燒線香的氣味。 圖片提供©亞維設計

**設計plus│**白色木作打造一致視覺，讓壓迫感無所遁形。

**483**

**事業運昌旺**

## 483 書櫃隔間保留光影與流通感

開放感的書房，擔心受到外界過多干擾，影響思緒。設計師從創意隔間做起，以錯落的書櫃取代實牆隔間，讓書房減少封閉感；而光線、空氣也得以順利流入廊道間，讓光影變化成為廊道生命，同時書香味也散逸至全宅。圖片提供◎禾光室內裝修設計

**搭配技巧** | 錯落書櫃取代實牆隔間，增加隱密性，但也讓書房不失於原本的寬闊感。

**座位無靠煞**

## 484 前有明堂、後有靠山

書房與客廳因採穿透格局，不易找到安定的方位來擺設書桌。設計師避開左右的玻璃隔間，選定電視牆作視線遮掩，搭配背後寬敞牆櫃的穩定氣場，讓書房避免椅背煞的不安；另外，書桌前與牆之間也留有足夠距離，避免綁手綁腳、有志難伸的拘束感。圖片提供◎明代室內設計

**設計plus** | 以電視牆作視線遮掩，搭配背後寬敞牆櫃的穩定氣場，讓書房避免椅背煞的不安定感。

**484**

# 485 異材質牆面化煞有造型

此案為開放式空間，實體牆面不多，一進門便可以看見家中的格局與擺設，造成家中毫無隱密性可言，形成穿堂煞。設計師將走道與書房中間，利用原木與磁磚做出一道造型牆面，可以擋住視線，不至於讓空間被一覽無遺。圖片提供◎原木工坊

**材質使用**｜用原木搭配磁磚做一隔間性能的牆面，異材質的搭配讓牆面充滿強烈設計感，又有擋住穿堂煞的功能。

485

486

座位無靠煞

## 486 保有安全感的辦公空間

沙發背對大門或沙發無靠都會產生職場上的小人煞氣，有實牆可靠代表靠山和貴人。以簡約北歐風格呈現的客廳，沙發背後是屋主的工作空間，半高的書房隔間牆，能做為沙發靠牆讓沙發不亂跑，而中半高牆面讓人無法一眼望穿，辦公和舒眠休息時都能保有安全感。圖片提供◎禾光室內裝修設計

**搭配技巧**｜運用隔間牆的方式，打造隱密性，並化解風水煞氣。

座位無靠煞

## 487 實木桌完整工業風並化沙發無靠煞

開放式的空間設計將公領域以沙發為界分為客廳與書房，但客廳主沙發的位置相當重要，如果後方無實牆可靠，一家之主就會缺乏貴人而且孤立無援沒有靠山，因此設計師在沙發背後擺放書桌化解煞氣。圖片提供◎演拓空間室內設計

**搭配技巧**｜設計師於沙發放置具有工業風型格的實木桌搭配經典鐵椅，不僅完整空間風格也化解了風水的忌諱。

487

## 488 創意放大空間，化解不良風水

**488**

原始格局房門對房門，是風水的對門煞禁忌，家人感情容易不睦。設計師在做整體規劃時發現隔間太多，空間顯得零碎狹小，因此重新規劃格局，把原本與客、餐廳平行的房間改作開放設計的多功能閱讀區，刪掉一房隔間，只保留主臥與一間客房。另外，將兩房間交接處的客浴與主臥浴室外牆做打斜設計，巧妙地為主臥爭取一處儲藏室空間，化掉煞氣格局。圖片提供◎禾光室內裝修設計

**施工細節｜**格間重整，放大空間格局，讓居家環境更添平靜安樂。

## 489 開天井小明堂明亮地下採光

家中有庭院，增設水池不但有景觀之效，在風水中還象徵錢流，導向室內財位方向的話更好。一般來說，大門進門後左方45度角處是財庫，剛好這案子的財庫是書房位置，因此從書房能望到這片庭園景觀，水流又導向書房方向，象徵好兆頭。圖片提供◎馥閣設計

**設計plus｜**大門進門後左方45度角處是財庫，可增設家中重要的空間領域。

**489**

**樑壓書桌**

## 490 照明魔法修飾樑壓煞氣

開放式的客廳與書桌空間，天花中間有一大橫樑令下方的人感受無比壓力，在風水上容易對人的精神系統產生不良影響，嚴重的話還會造成性格上的偏差，產生孤僻症，設計師運用長條嵌燈修飾柱體也化解煞氣。圖片提供◎于人空間設計

**設計plus** | 既是餐桌，也是閱讀空間的此處，具備了復合式的居家生活機能，大樑也為開放式公領域做場域劃分。

**490**

**樑壓書桌**

## 491 輕淺色調虛化櫃體存在感

樑壓頭會造成壓迫感，影響讀書效率。設計師藉由切齊樑柱打造整面收納，化解風水禁忌，也加強女兒房的收納需求；規劃上採一半隱藏一半開放式收納，開放式整合書桌功能，形成好用的閱讀工作區。圖片提供◎伏見設計

**設計plus** | 避開風水忌諱外，加深床頭櫃作為倚靠，反面則為收納空間，一舉雙得。

**492**

## 492 樑柱變身，沙發有靠牆

客廳沙發本無靠且有大樑橫跨，設計師將極寬的樑柱輔以木質牆面，讓空間更具整體性，同時使沙發有靠。另外最具巧思之處，是透過沙發背牆的樑柱空間，間隔出具有隱密性的書房，空間得以被善用，同時避開煞氣，一舉兩得。圖片提供©一水一木設計

**設計plus**｜大樑橫跨，設計師將極寬的樑柱變身沙發背牆，解決煞型；再以沙發背牆的樑柱空間，間隔出隱密十足的書房。

**樑壓書桌**

## 493 木質天花包樑化煞

設計師利用預售屋客變期，退掉客廳後方的隔間牆，以開放式空間整合客廳、餐廚和書房等機能，迎來更開闊舒適的生活尺度。而書桌上正好有支大樑，設計師加寬並包覆木皮，化解樑壓煞氣並且清楚劃分客廳與書房的分際。圖片提供©華青室內裝修有限公司

**設計plus** ｜ 書房木質天花上方嵌上間接燈光，不僅場域界定更為清楚，也營造合適的閱讀空間。

493

495

494

**樑壓書桌**

## 494 木皮天花擋樑界定場域

開放式的客餐廳書房空間，因為書桌上有根大樑容易對下方產生壓迫，因此設計師以實木皮包覆天花並向下延伸牆面，以木素材營造閱讀氛圍，不僅化解風水煞氣，也為場域做界定。圖片提供©華青室內裝修有限公司

**材質使用** ｜ 木質天花延伸至下方甚至餐廳壁面，與廁所的隱藏式門片及收納櫃的材質相互連結，令空間更為完整。

## 495 順勢而為，用穿心樑隔出空間

原屋格局中有一大片客廳場域，但在客廳1/3處有大樑橫跨空間，凌厲的銳角穿心而過，屬於容易為家人帶來災厄、疾病的風水，設計師運用此一大樑隔出書房空間，刻意不做滿保持視覺舒服，也讓室內空間的運用更精實。圖片提供◎于人空間設計

**設計plus** | 大樑隔出書房空間的同時，也讓光線得已照耀滿室。

496

## 496 大樑分界消弭風水煞氣

書房運用大樑隔出私人空間，並在L型中心放置明亮的盆栽吊燈，明顯區別餐桌與書桌位置，化解了樑壓問題，也簡化兩區域的空間利用。圖片提供◎伏見設計

**設計plus** | 將大樑缺點順勢成為優點，隔出空間，創造出人文空間細膩氛圍。

**497**

**498**

**神桌後方為樓梯**

# 497+498 補建側牆，避免樓梯懸空感

神桌後方為樓梯會產生風水疑慮，導致家運不順，此案頂樓獨立佛堂相當幽靜，但因左後側臨樓梯而懸空，形成不安定感。設計師利用原本右牆凹槽畸零角，配合在左邊鄰近樓梯處補建側牆，讓神桌成為內嵌進實牆內的穩定設計，並使莊嚴肅穆的佛桌更顯對稱與尊貴美感，也更符合於風水設計考究。圖片提供◎伏見設計

**施工細節**｜利用牆面凹槽畸零角，補建側牆，讓視覺感受更添平整，並且穩定居家好風水。

**迴風煞**

# 499 避開迴風煞，保留空間彈性

由於孩子年紀較小，屋主希望能夠掌握孩子日間的動態，同時保持家中公共領域的通透。礙於通透格局所形成的迴風煞，設計師保留了雙邊拉門，一面置於書桌左側、一面藏於牆面之中，關閉時能避開迴風之煞，讓房內更添安定運勢。圖片提供◎一水一木設計

**施工細節**｜保留雙邊拉門，一面置於書桌左側；一面藏於牆面之中，關閉時能避開不良煞型。

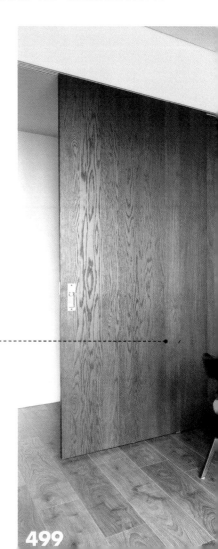

**499**

**500**

蛇煞

## 500 屏除惱人管線，讀書聚精會神

此案書房左上方有非常多雜亂的管線聚集，形成蛇煞，長居者容易有官司纏身、人際關係不佳。設計師將管線包覆後，延其樑柱延伸成整面落地書櫃，化解煞氣並開大面窗戶引光入室，增加照明，另添臥榻，讓書房更顯愜意雅緻。圖片提供◎一水一木設計

**施工細節** | 原書房雜亂的管線包覆，延其樑柱延伸成整面落地書櫃。

國家圖書館出版品預行編目資料

設計師不傳的私房秘技：
好宅風水設計500 /
漂亮家居編輯部著. -- 初版. -- 臺北市：麥浩斯
出版：家庭傳媒城邦分公司發行, 2017.11
面；　公分. -- (Ideal home ; 53)
ISBN 978-986-408-334-3(平裝)
1.室內設計 2.相宅
422.5　　　　　　　　　　　　　106020661

IDEAL HOME 53

# 設計師不傳的私房秘技：
# 好宅風水設計500

作者｜漂亮家居編輯部
責任編輯｜李與真
採訪編輯｜許嘉芬、施文珍、張華承、李佳芳、張景威、劉綵荷、鄭雅分、吳念軒
封面&版型設計｜王彥蘋
美術設計｜鄭若誼、白淑貞、王彥蘋
插畫｜張小倫、黑羊
行銷企劃｜呂睿穎

發行人｜何飛鵬
總經理｜李淑霞
社長｜林孟葦
總編輯｜張麗寶
叢書主編｜楊宜倩
叢書副主編｜許嘉芬

出版｜城邦文化事業股份有限公司　麥浩斯出版
地址｜104台北市中山區民生東路二段141號8樓
電話｜02-2500-7578
E-mail｜cs@myhomelife.com.tw

發行｜英屬蓋曼群島商家庭傳媒股份有限公司城邦分公司
地址｜104台北市民生東路二段141號2樓
讀者服務專線｜0800-020-299（週一至週五AM09:30～12:00；PM01:30～PM05:00）
讀者服務傳真｜02-2517-0999
E-mail｜service@cite.com.tw
劃撥帳號｜1983-3516
劃撥戶名｜英屬蓋曼群島商家庭傳媒股份有限公司城邦分公司

香港發行｜城邦(香港)出版集團有限公司
地址｜香港灣仔駱克道193號東超商業中心1樓
電話｜852-2508-6231
傳真｜852-2578-9337

馬新發行｜城邦(馬新)出版集團 Cite (M) Sdn. Bhd
地址｜41, Jalan Radin Anum, Bandar Baru Sri Petaling,
57000 Kuala Lumpur, Malaysia.
電話｜603-9057-8822
傳真｜603-9057-6622

總經銷｜聯合發行股份有限公司
電話｜02-2917-8022
傳真｜02-2915-6275

製版印刷｜凱林彩印股份有限公司
版次｜2017年11月初版1刷　2022年3月初版5刷
定價｜新台幣450元